U0347641

高吸水性树脂的持水保肥作用及其应用研究

李雅丽 边 亮 著

科学出版社

北 京

内 容 简 介

　　高吸水性树脂是一种新型功能高分子材料,具有优异的吸水性能和保水能力,同时又具备高分子材料的优点,被广泛应用于农业、林业、园艺、医药、石油、化学化工、建材以及生化等领域。本书系统地阐述高吸水性树脂的基础理论和制备方法;对高吸水性树脂作为土壤保水剂的特性及应用,保水剂对土壤理化性质的影响,保水剂对土壤水分环境的影响,保水剂对土壤持水保肥能力的影响等进行系统地分析与综述,为农用保水剂的研发提供了一定的理论支撑和实验指导。

　　本书可作为化学、节水农业、水土保持及土壤改良等领域的科技工作者和高等院校相关专业师生的参考书。

图书在版编目(CIP)数据

高吸水性树脂的持水保肥作用及其应用研究 / 李雅丽,边亮著. —北京:科学出版社,2019.6

　　ISBN 978-7-03-059442-6

　　Ⅰ.①高⋯　Ⅱ.①李⋯　②边⋯　Ⅲ.①吸水性-合成树脂-研究　Ⅳ.①TQ322.4

　　中国版本图书馆 CIP 数据核字(2018)第 254044 号

责任编辑:祝　洁 / 责任校对:郭瑞芝
责任印制:张　伟 / 封面设计:迷底书装

科 学 出 版 社 出版
北京东黄城根北街 16 号
邮政编码:100717
http://www.sciencep.com

北京凌奇印刷有限责任公司 印刷
科学出版社发行　各地新华书店经销

*

2019 年 6 月第　一　版　　开本:720×1000　B5
2020 年 1 月第二次印刷　印张:12 1/4
字数:243 000

定价:95.00 元
(如有印装质量问题,我社负责调换)

前　言

  高吸水性树脂是具有良好吸水性能和保水性能的高分子聚合物的总称,是一种具有三维网状结构的新型功能高分子材料,吸水量可达自身重量的几十倍乃至几千倍。由于其吸水性好、价格适中、安全性能好,被广泛应用于一次性纸尿裤、成人失禁用品以及妇女卫生用品等个人护理产品中。如今,高吸水性树脂作为土壤保水剂在农业、园艺方面也实现了应用,不仅被应用于节水灌溉,以提高土壤保水、保肥能力,使土壤形成团粒结构,减少土壤水分蒸发,提高农作物发芽率,而且被应用于苗木移植保活、花卉保水等领域。目前,高吸水性树脂向高性能化、复合材料化、功能化、可降解性方向发展,开发前景十分广阔。

  近几十年来,高吸水性树脂作为土壤保水剂的研究、生产和应用发展迅速,理论和实践都取得许多新的进展,生产的品种和数量大幅度增长,应用领域不断扩大,研究论文和专利文献迅速增加。本书结合作者的实验研究和国内外最新研究成果,全面反映了高吸水性树脂作为土壤保水剂近年来的科技成就。全书共 7 章,第 1 章介绍高吸水性树脂的基本概念、分类和研究进展;第 2 章结合高吸水性树脂吸水动力学和热力学分析,阐述其吸水理论和主要性能;第 3 章介绍高吸水性树脂反应原理,淀粉系、纤维素系及合成树脂类高吸水性树脂的制备方法及保水剂吸水率测定方法;第 4 章介绍土壤保水剂的吸水机理和特性,以及土壤保水剂在农业中的应用;第 5 章分析保水剂对土壤容重、三相比例、体积膨胀率、pH、可溶性盐浓度、速效磷、速效钾等的影响规律;第 6 章讨论保水剂对土壤水分环境、持水性能、水分运动及土壤蒸发等的综合作用;第 7 章从不同肥料溶液、氮磷钾化肥及不同价态阴、阳离子对保水剂吸水率的影响,重点介绍保水剂对土壤持水保肥能力的作用规律及研究进展,并指出保水剂持水保肥研究方面存在的问题和今后的发展方向。

  本书由渭南师范学院自然科学学术专著出版基金资助出版。书中涉及的研究内容得到了陕西省教育厅自然科学基金项目“营养复合型农用保水剂的研制”(01JK084)、陕西省军民融合研究基金项目“用纳米纤维素制备农用保水剂的研究”(15JMR16)、渭南师范学院自然科学基金项目“用玉米秸秆制备复合型农用保水剂的研究”(14YKS001)及“多孔水凝胶制备及吸附性能研究”(17YKS02)的资助。本书由李雅丽教授负责拟定大纲,撰写第 2~7 章并统稿,泰国博仁大学边亮负责撰写第 1 章,并负责书中大量图表的制作及公式录入。在书稿修改过程中得到了渭南师范学院焦更生教授和王志平教授的鼎力支持,杨珊教授在图表制作时进行指导，西北有色金属研究院党蕊博士协助查阅大量参考资料。对于在本书撰写和出版中给予大力支持的单位和个人，在此一并致以衷心的感谢。

　　由于本书内容涉及研究领域广泛，限于作者的知识水平，书中难免有不足之处，恳请同行与读者批评指正。

目　　录

第1章　高吸水性树脂概述

1.1　水与吸水性材料

水在自然界的分布很广，江、河、湖、海等面积约占地球总表面积的72%，地层、大气及动植物体内都含有大量水分。水是生物生存的基本条件之一，根据用途可分为生态环境用水、生活用水及生产用水。水对于农业、工业生产及国民经济的发展具有极为重要的作用，水的获取、保存、利用和排出等，是人类生产实践和科学研究的重要内容。

长期以来，人类在取用水时使用了许多吸水性材料，它们与人类生活、生产等密切相关。例如，生活中使用的吸水性材料，如海绵、脱脂棉、毛巾、卫生纸和尿布等；使用的水凝胶，如凉粉、果冻、琼脂和明胶等；吸湿用的材料，如活性炭、硅胶、氯化钙、硫酸和分子筛等。这些吸水性材料来源广泛、价廉易得，多为天然物质或通过简单加工制得，也有通过化学反应制备的。但这类吸水性材料吸水性差，加压就会失水，因此其利用受到极大的限制，远远不能满足生活与生产的要求，必须开发性能更好的吸水性材料。

1.2　高吸水性树脂的含义

高吸水性树脂（super absorbent polymer，SAP）是具有良好吸水性能和保水性能的高分子聚合物的总称。高吸水性树脂是一种具有三维网状结构的新型功能高分子材料，其吸水量可达自身重量的几十倍乃至几千倍，这是以往材料不具有的性质。由于该树脂大多数是由低分子物质发生聚合反应而合成的高聚物，又称超强吸水性高分子。高吸水性树脂是以丙烯酸为主要原料，通过聚合反应制得的高分子聚合物，有着广阔的市场前景。高吸水性树脂是一种含有羧基、羟基等强亲水性基团，并具有一定交联度的水溶胀型高分子聚合物，它不溶于水，也不溶于有机溶剂，却有着很强的吸水性能和保水能力，同时又具备高分子材料的优点。高吸水性树脂的吸水量巨大，吸水速度非常快，并且保水性强，即使在受热、加压条件下也不易失水，因此又称为保水性树脂，简称保水剂（water retaining agent）。保水剂对光、热、酸、碱的稳定性好，这些特性使其应用领域日益广阔。高吸水性树脂吸水后会形成水凝胶，具有凝胶的基本性能，有关弹性凝胶的基本理论对其也完全适用,可归属于高弹性水凝胶。

由于高吸水性树脂吸水性好、价格适中、安全性能好,被广泛应用在一次性纸尿裤、成人失禁用品以及妇女卫生用品等个人护理产品中。如今,高分子吸水性树脂在农业、园艺方面被应用于节水灌溉,降低植物死亡率,提高土壤保水、保肥能力,提高农作物发芽率,花卉保水等领域。另外,高吸水性树脂在通信电缆、吸水防洪、工业吸收、洗涤剂抗再沉淀、湿度调节、医药、化妆品和墙壁防潮等方面也得到了应用,其开发前景十分广阔。

1.3 高吸水性树脂的分类

高吸水性树脂从诞生发展到现在,种类繁多,产品性能各异,应用各有侧重点,分类比较复杂。根据现有品种及其发展可做如下分类。

1.3.1 按原料来源分类

高吸水性树脂的原料来源分为淀粉系、纤维素系、合成聚合物系以及其他天然高分子化合物及其衍生物类(表 1.1)。

表 1.1 高吸水性树脂的原料来源分类及其重要品种[1]

来源类型	重要品种
淀粉系	淀粉接枝丙烯腈
	淀粉接枝丙烯酸盐
	淀粉接枝丙烯酰胺
	淀粉羧甲基化反应物
	淀粉黄原酸盐接枝丙烯酸盐
	淀粉与丙烯酸、丙烯酰胺、顺丁烯二酸酐接枝共聚物
纤维素系	纤维素羧甲基化产物
	纤维素接枝丙烯腈
	纤维素接枝丙烯酸盐
	纤维素接枝丙烯酰胺
	纤维素黄原酸化接枝丙烯酸盐
	纤维素羧甲基化后环氧氯丙烷交叉交联物
合成聚合物系	聚丙烯酸系聚丙烯酸盐
	丙烯酸酯与乙酸乙烯酯共聚物
	丙烯酸与丙烯酰胺共聚物
	聚乙烯醇系聚乙烯醇-酸酐交联共聚物
	聚乙烯醇-丙烯酸酯共聚水解物
	乙酸乙烯-丙烯酸酯共聚水解物

续表

来源类型	重要品种
合成聚合物系	乙酸乙烯-顺丁烯二酸酐共聚物
	其他合成类聚环氧乙烷系，丁烯和马来酸酐共聚物等
其他天然高分子化合物及其衍生物类	壳多糖、琼酯糖、蛋白质等

1. 淀粉系高吸水性树脂

淀粉系高吸水性树脂所使用的原料是淀粉和单体（如丙烯酸单体），此外还利用引发剂（或催化剂）、交联剂、分散剂、表面活性剂、洗涤剂等助剂。淀粉是一种多羟基天然化合物，作为合成高吸水性树脂的原料，具有来源广、种类多和价格低廉等优点。作为制造高吸水性树脂所使用的淀粉原料不仅有天然淀粉，还有淀粉分解物、淀粉衍生物、物理处理淀粉、分离淀粉等，甚至未加工的含淀粉物也能利用。合成时可根据产品的质量和性能要求，制造成本和用途，原料的来源和价格等全面衡量进行选择。

对天然淀粉进行改性，制备高吸水性树脂是成本较低的一种方法，主要有两种形式：一是在淀粉上引入亲水基团，并使其有一定的交联度；另一种是先对淀粉进行部分交联，再引入羟甲基亲水性基团，得到高吸水性树脂，该方法原料来源丰富、成本低、吸水率高，其缺点是耐热性与保水性差，使用中易受微生物分解而失去吸水、保水能力。

高吸水性树脂的研究起源于淀粉类高吸水性树脂。淀粉接枝共聚反应，有用负离子催化剂使淀粉进行离子型接枝共聚，也有自由基型接枝共聚。目前，合成高吸水性树脂常用自由基型接枝共聚。与淀粉进行接枝共聚反应的单体主要是亲水性和水解后变成亲水性的烯类单体，如氰基、酰胺基、羧基或羧酸盐基、乙烯基等。常用的引发剂多为四价铈盐，如硝酸铈铵，锰盐如聚磷酸锰，也可以使用光辐射引发。其机理是，淀粉在引发剂存在或辐射下变成自由基，淀粉自由基和乙烯类单体反应生成淀粉大分子的自由基，继而再与乙烯类单体进行链增长、链终止反应，从而得到淀粉系高吸水性树脂。

淀粉系的主要产品有淀粉接枝丙烯腈、淀粉接枝丙烯酸盐、淀粉接枝丙烯酰胺，淀粉羧甲基化反应物，淀粉与丙烯酸、丙烯酰胺、顺丁烯二酸酐等接枝共聚合物。

2. 纤维素系高吸水性树脂

纤维素系高吸水树脂主要包括纤维素接枝产物、羧甲基化纤维素和羟丙基化纤维素等。纤维素与淀粉一样，原料来源广泛，能与很多低分子物反应，近年来，该类吸水性树脂的发展相当迅速，是吸水性树脂材料发展的一个新方向。天然纤维本身具有一定的吸水性，一方面它是亲水性的多羟基化合物；另一方面它是纤维状的物质，有许多毛细管，比表面积很大，因此在高吸水性树脂制备中得到广泛应用。

纤维素系高吸水性树脂包括两种类型，一种是纤维素与亲水性单体接枝共聚得到，另一种是氯乙酸与纤维素反应引入羟甲基再用交联剂交联而得。一般可以通过醚化、酯化、接枝共聚等方法中的一种或几种来制备纤维素系高吸水性树脂。其中，接枝共聚是纤维素制造高吸水性树脂的最主要方法，它可以赋予纤维素材料以某些新的性能，而又不至于完全破坏纤维素材料所固有的优点。纤维素系高吸水性树脂虽然存在吸水率较低的缺点，但它的吸水速度很快，耐盐性好，而且吸水后形成的凝胶强度大，在个人卫生用品、医用材料、敏感材料等方面有着特殊的用途，因此纤维素系高吸水性树脂已成为近十年来吸水材料发展的一个重要方向。

纤维素属于多糖类化合物，它是 D-葡萄糖结构形成的高分子化合物，因此能与低分子亲水性的不饱和物质进行接枝共聚反应。天然纤维素吸水能力不强，为了提高其性能，主要是通过化学反应使其吸水性增强或具有更多的亲水基团，但仍然维持纤维状，以保持比表面积大和毛细管多的特点。纤维素系高吸水性树脂通常以纤维素及其衍生物为主要原料，通过醚化、酯化、交联、接枝等方法进行制备。纤维素系的主要产品有纤维素羧甲基化产物、纤维素接枝丙烯腈、纤维素接枝丙烯酸盐、纤维素黄原酸化接枝丙烯酸盐等。

3. 合成聚合物系高吸水性树脂

合成聚合物系高吸水树脂是以天然高分子材料制备的高吸水性树脂。20 世纪 70 年代以来，日本开始研究合成系高吸水性树脂，随后美国、英国、德国、法国等国家也开展了广泛研究。石油化工的发展为此类高吸水性树脂的生产提供丰富的原料，现在合成聚合物系高吸水性树脂已占据了工业化生产的主导地位。其合成方法主要有溶液聚合法、反相悬浮聚合法和反相乳液聚合法三种方法，也有辐射引发聚合、微波引发聚合以及喷雾聚合等新方法的报道。

目前，合成聚合物系高吸水性树脂种类很多，其中以聚丙烯酸（盐）类研究的最多。与其他合成聚合物系高吸水性树脂相比，聚丙烯酸（盐）类高吸水性树脂具有吸水速度快、吸水率高和耐热性好等优点。与淀粉系和纤维素系高吸水性树脂比较，聚丙烯酸（盐）类在工业生产中后处理、存放和抗霉变等方面有着明显的优势。因此，聚丙烯酸（盐）类高吸水性树脂在全球市场中占据着主导地位。

自 20 世纪 70 年代以来，合成聚合物系高吸水性树脂因其生产工艺简单、产品吸水率高、不易腐烂和发霉等特点，得到了快速发展，目前已成为高吸水性树脂发展的重要方向，且产量占绝对优势。现已工业化生产的高吸水性树脂以合成系-

丙烯酸盐系占主导地位。合成聚合物系高吸水性树脂是一种低密度交联的高分子聚合物。水溶性高分子化合物进行交联,其性能依交联程度的变化而不同,由水溶性转为膨润性的树脂,若进一步交联,就变成吸水性树脂。高吸水性树脂之所以能吸水,从结构上看,其分子链上存在大量的亲水性基团如羧基、羟基、酰胺基等,因此合成聚合物系高吸水性树脂是带有许多亲水基团的低密度交联的高分子聚合物。目前,国内外对合成聚合物系高吸水性树脂的研究主要集中在单体的种类、各单体的配比、引发剂用量、交联剂用量、丙烯酸的中和度等因素对产物吸水率、耐盐性和凝胶强度的影响。制备合成聚合物系高吸水性树脂一般所用单体为丙烯酸、丙烯酰胺、乙酸乙烯酯、环氧乙烷、聚乙烯醇类等。合成聚合物系高吸水性树脂的主要产品有聚丙烯酸系聚丙烯酸盐、丙烯酸与丙烯酰胺共聚物、乙酸乙烯-丙烯酸酯共聚水解物等。

4. 其他天然高分子化合物及其衍生物类高吸水性树脂

其他天然高分子化合物及其衍生物类高吸水性树脂主要是指淀粉、纤维素以外的多糖类高吸水性树脂,如其他含氮的天然高分子化合物(蛋白质、植物胶、果胶、动物多糖、复合多糖等)也是优良的吸水材料,是制造高吸水性树脂的重要材料。用天然高分子化合物及其衍生物类制得的吸水材料虽然吸水率不高,但耐盐性好,也有着广阔的应用前景。

1.3.2　按亲水化方法分类

按亲水化方法可将高吸水性树脂分为四类:亲水性单体聚合,疏水性聚合物的羧甲基化,疏水性聚合接枝亲水性单体,含腈基、酰胺基等聚合物水解等。具体类型及重要品种见表 1.2。

表 1.2　高吸水性树脂按亲水化方法分类及其重要品种

亲水化方法类型	重要品种
亲水性单体聚合	聚丙烯酸盐
	聚丙烯酰胺
	丙烯酰胺-丙烯酸共聚物
	乙酸乙烯与顺丁烯二酸酐共聚物
疏水性聚合物的 羧甲基化	淀粉羧甲基化反应
	纤维素羧甲基化反应
	纤维素酰甲基化后环氧氯丙烷交叉交联物
	聚乙烯醇-顺丁烯二酸交联物

亲水化方法类型	重要品种
疏水性聚合接枝亲水性单体	淀粉接枝丙烯酸盐
	淀粉接枝丙烯酰胺
	纤维素或接枝丙烯酸盐
	纤维素或接枝丙烯酰胺
	淀粉、丙烯酸、丙烯酰胺接枝共聚物
含腈基、酯基、酰胺基等聚合物的水解	淀粉接枝丙烯腈后水解产物
	纤维素接枝丙烯腈后水解产物
	丙烯酸酯与乙酸乙烯酯共聚后再水解产物
	丙烯腈、甲基丙烯酸、甲基丙烯酰胺共聚后水解产物

1.3.3 按交联方法分类

根据交联方法高吸水性树脂可分为用交联剂进行网状化反应、自交联网状化反应、水溶性聚合物导入疏水基基团或结晶结构等（表1.3）。

表1.3 高吸水性树脂按交联方法分类

交联方法类型	重要品种
用交联剂进行网状化反应	聚乙烯醇用顺丁烯二酸酐进行交联
	羧甲基纤维素用环氧氯丙烷交联
	聚丙烯酸用多价金属阳离子、甘油、乙二醇等交联剂交联
自交联网状化反应	聚乙烯醇用蛋白质交联或用正磷酸处理
	丙烯酸盐自交联聚合反应
	放射线照射网状化反应聚乙烯醇用放射线交联
	聚氧化乙烯通过放射线照射而进行交联
水溶性聚合物导入疏水基基团或结晶结构	聚丙烯酸与含长碳链的醇酯化反应

1.3.4 按亲水基团的种类分类

按照亲水基团的种类高吸水性树脂可分为含有羧酸、磺酸、磷酸类的阴离子系，叔胺、季铵类的阳离子系，两性离子系，羟基和酰胺基的非离子系，多种亲水基团系等五大种类。

1.3.5 按制品形态分类

高吸水性树脂按制品形态可分为粉末状、纤维状、薄膜状和珠状。

1.4　高吸水性树脂的研究进展

1.4.1　国外高吸水性树脂发展状况

20 世纪 50 年代以前，吸水性材料主要为天然物质和无机物，如天然纤维、天然蛋白质、硅胶、氧化钙和硫酸等。这些物质吸水能力较低，远远不能满足生产需要。50 年代，Goodrich 公司研制出交联聚丙烯酸类吸水性高分子物质，并应用于增黏剂。与此同时，美国康奈尔大学化学系教授 Flory 经过大量实验研究，建立了高分子凝胶吸水理论，即 Flory 凝胶溶胀理论，他出版的 *Principles of Polymer Chemistry* 一书为高吸水性材料的研究开发奠定了理论基础[2]。

20 世纪 60 年代，亲水性交联高分子物质如交联聚氧化乙烯、交联丙烯酸羟乙酯、交联聚乙烯醇等出现在市场，其吸水质量为材料自身质量的 10～30 倍，应用于土壤保水剂、园艺保水剂和人工水晶体等。1961 年，美国农业部北方研究所研究淀粉接枝丙烯腈共聚物，发现这类吸水性树脂具有优越的吸水能力，吸水后形成的膨润凝胶体保水性很强，还具有一定的吸湿性。后来日本淀化学公司针对用淀粉接枝丙烯腈加水分解时物料非常黏稠，操作困难的生产问题，提出改进工艺，如用水/甲醇混合溶剂进行水解，使反应物呈膨胀分散状态，解决了水解的难题。用磺酸基单体与丙烯腈、淀粉接枝共聚制备的吸水性树脂吸水率高达 5000g/g。1975 年，美国成功开发的淀粉-聚丙烯腈系高吸水性树脂进入市场，从此高吸水性树脂便逐渐形成一个独立、新兴的研究领域[3]。

20 世纪 70 年代，日本开展了以纤维素为原料生产高吸水性树脂的研究。1976 年，Hercules 公司、Personal Products 公司等用丙烯腈接枝纤维素，经加工得到片状、粉末状和丝状产品。除此之外，还通过纤维素接枝丙烯酸、丙烯酰胺、丙烯酸酯类、乙酸乙烯酯等单体制备高吸水性材料。1978 年，日本三洋化成工业公司考虑残留在聚合物中的丙烯腈单体有毒，存在安全隐患，开发了淀粉接枝丙烯酸类吸水性树脂，并最先在 1981 年将它大规模地用于卫生用品，制作的卫生巾、纸尿布等不仅重量轻、吸液量大、保水性好，而且安全无毒，该产品的开发使高吸水性树脂的应用更加广泛[4]。

20 世纪 80 年代，日本研究用放射线对各种氧化烯烃作交联处理，如以大豆蛋白或氨基酸为原料，用 γ 射线开发出可生物降解的高吸水性树脂，其吸水性能为相应产品的 3500 倍，并且对盐水吸收性比市售高吸水性树脂要高。随着全世界环保意识的增强，人们在不断寻找绿色化学产品，研究可生物降解高吸水性树脂是当今研究的一大趋势[5]。

目前，日本、美国及西欧的一些国家在高吸水性树脂的研究和开发方面占主要地位，日本在生产能力及技术上处于领先水平，其产量占世界总产量的一半左右。20 世纪末，日本触媒、三洋化成、德国 Stockhausen 公司形成了三足鼎立的局面，掌控了世界高吸水性树脂 70%的市场[6]。国外高吸水性树脂的生产情况见表 1.4。

表 1.4　国外高吸水性树脂生产情况[1]

国家/地区	厂家	商品名	产品
美国	Buckeye Cellulose	CLD	羧甲基纤维系列
	Dow Chemical	D.W.A.L	聚丙烯酸盐系列
	Crain Processing	GPC	淀粉-聚丙烯腈接枝共聚体
	Henkel	SGP	淀粉-聚丙烯腈接枝共聚体
	Hercules	Agualon	羧甲基纤维系列
	National Starch	Permasorb	聚丙烯酸盐系列
	Super Absorbent	Magic Water Gel	淀粉-聚丙烯腈接枝共聚体
欧洲	CECA	Cecagum	藻酸盐
	Enka	Akuell	羧甲基纤维系列
	Stockhausen	Favor	聚丙烯酸盐系列
	Unilever	Lyogel	淀粉-聚丙烯腈接枝共聚体
日本	三洋化成	—	淀粉-聚丙烯接枝共聚体
	住友化学	—	乙酸乙烯-丙烯酸酯共聚体
	花王石碱	KR	聚丙烯酸盐系列
	荒川化学	GR	聚丙烯酸盐系列
	制铁化学	AR	聚乙烯醇-马来酸酐等环状酸酐接枝共聚体
	可乐丽	—	乙酸乙烯-不饱和二元羧酸系列单体共聚体
	日本合成化学	WAS	丙烯酸-丙烯酸钠系列
	明成化学	—	环氧乙烷系列
	日本淀化学	—	淀粉聚丙烯腈接枝共聚物
	三菱油化	—	聚乙烯-聚丙烯酸钠系列

1.4.2　国内高吸水性树脂发展状况

我国在高吸水性树脂的研究、开发和应用方面的工作起步较晚，始于 20 世纪 80 年代中期，经过多年的发展，全国已有数十家单位在从事高吸水性树脂的研究。1982 年，中国科学院化学研究所的黄美玉等[7]最先合成以二氧化硅为载体，γ-巯丙基硅氧烷为引发剂，吸水能力为 400g/g 的聚丙烯酸钠类高吸水性树脂，此后有关高吸水性树脂的专利和文献报道逐渐增多。国内高吸水性树脂的研制情况见表 1.5。

表 1.5　国内高吸水性树脂的研制情况[8]

研制单位	产品
中国石油化工股份有限公司北京化工研究院	聚丙烯酸盐系列
	淀粉-丙烯酸盐系列
天津大学	丙烯酰胺-丙烯酸系列
	玉米淀粉-丙烯酸系列
武汉大学	腈纶废丝
南开大学	淀粉-聚丙烯腈接枝共聚物
中国科学院长春应用化学研究所	Co-γ射线预辐射自由基引发
	淀粉-丙烯酸接枝
中国科学院广州化学研究所	纤维素-丙烯酸接枝
黑龙江科学院石油化学研究院	淀粉-丙烯酸系列
太原工业大学	淀粉-丙烯腈系列
江苏如皋化工厂	交联丙烯酸钠

20 世纪 80 年代后期，我国已有 20 多个研究所、纺织科学研究院与山东省济宁化肥厂联合研制出聚丙烯酸类的高吸水性树脂，建起国内第一套 100t/a 的生产装置。我国高吸水性树脂的消费始于 1991 年，一些独资或合资企业引进护翼卫生巾生产线，1993 年引进纸尿裤生产线后，消费需求不断增加。1985 年，中国石油化工股份有限公司北京化工研究院申请了国内第一项吸水性树脂的专利，到 2006 年底，国内已申请专利 200 多项，主要集中在合成淀粉接枝丙烯腈皂化水解物、聚丙烯酸盐、聚乙烯醇衍生物等高吸水性树脂。近年来，医用高吸水性材料、可生物降解高吸水性材料和复合材料的研究也日益增多，如淀粉类可生物降解高吸水材料、聚氨基酸类可生物降解高吸水性树脂、无机-有机复合高吸水性材料、羟乙基纤维素高吸水性材料的合成及性能研究。20 世纪 90 年代末，在应用研究方面，国内已将高吸水性树脂在农业领域的应用列为重大科技推广项目。吉林省开展的移植苗木研究，黑龙江省开展的种子培育研究均取得可喜成就，新疆、河南等省（自治区）也在研究利用吸水性树脂改良土壤[1]。中国科学院兰州化学物理研究所、兰州大学、西北师范大学等许多单位也开展了高吸水性树脂的研究工作，开发出一系列新型的有机-无机复合材料，可生物降解的高分子材料以及耐盐、耐高温等高吸水性树脂，成功应用于西北干旱土壤改良、油田堵水等领域。兰州大学从 20 世纪 80 年代起对淀粉接枝丙烯腈、丙烯酸盐、丙烯酰胺、乙酸乙烯酯等制备超强吸水剂进行了系统地研究，产品性能非常优异。兰州大学柳明珠等[9]以简单的生产工艺、较低的生产成本开发出性能良好的"福民牌"吸水保水剂，该产品已得到国家科技部等的肯定，并被列为全国重点科技成果进行推广。该产

品在不通氮的情况下采用水溶液聚合法进行合成，该工艺较悬浮聚合法更容易实现工业化。我国高吸水性树脂的生产情况见表 1.6。

表 1.6　我国高吸水性树脂的生产情况

单位	主要成分	主要性能指标/(g/g)	供货能力/(t/a)
中国科学院长春应用化学研究所	聚丙烯酸盐	吸水率：200～1000	300
	淀粉-丙烯酸共聚体	吸尿率：<140	
中国科学院兰州化学物理研究所	聚丙烯酸盐	吸水率：800	150
		吸尿率：60～70	
抚顺市化工研究设计院	聚丙烯酸盐	吸水率：500～1000	200～400
		吸尿率：80～100	
黑龙江省科学院石油化学研究所	淀粉-丙烯酸共聚体	吸水率：>400	10
中国石油化工股份有限公司北京化工研究院	聚丙烯酸盐	吸水率：400～900	—
		吸生理盐水率：30～80	
化工部广州聚丙烯酰胺工程技术中心	丙烯酰胺-丙烯酸-丙烯腈三元高聚物	—	500
唐山博亚科技工业开发有限责任公司	聚丙烯酸盐	—	3000
河北省保定市科瀚树脂有限公司	聚丙烯酸盐	—	—

1.4.3　生物质高吸水性树脂的研究进展

20 世纪 80 年代，以天然化合物及其衍生物为原料制备高吸水性树脂正式得到人们的关注。近年来，随着人们对生物资源开发利用的不断重视，绿色环保、成本低廉的生物质高吸水性树脂越来越受到关注，在不同原料来源的高吸水性树脂中独具特色。生物质高吸水性树脂大多具有可生物降解性，对环保意义重大，主要包括淀粉类、纤维素类、海藻酸类、壳聚糖类和蛋白质类等。

（1）淀粉类高吸水性树脂是最早被报道的生物质高吸水性树脂，现已尝试过的原料有玉米淀粉[10]、马铃薯淀粉[11]、西米淀粉、木薯淀粉[12]等，常用制备方法有反相悬浮法、水溶液聚合法、微波辐射法、乳液聚合法和敞开体系法等。李雅丽等[13]对影响淀粉-丙烯酸接枝共聚反应的引发剂用量、淀粉/单体比例、聚合温度和聚合时间等因素进行实验考察，合成了吸水率为 400～600g/g 高吸水性树脂。陈建福等[14]在木薯淀粉中加入硅藻土制备复合高吸水树脂，发现适量硅藻土能有效地提高树脂吸水率。通常淀粉基超吸水性树脂是通过溶液聚合、反相悬浮聚合、乳液聚合等传统方法制备，单体转化率仅 10%～15%，造成生产效率低下和水资源严重浪费，杨景峰等[15]研究用反应挤出法生产淀粉接枝聚丙烯氰共聚物，可获得 74%～78%单体转化率和 42%～44%接枝效率。Nakason 等[16]也验证了经过挤压后的改性淀粉接枝效率明显提高，有利于改善吸水率。

（2）纤维素类高吸水性树脂。纤维素类树脂原料来源广，有天然纤维素、纤维素衍生物以及人造纤维素（人造丝、玻璃丝）等。这类吸水性树脂大多也是接枝共聚，合成方法包括自由基聚合、离子型共聚及缩聚和开环聚合。其中，天然纤维素接枝共聚成本低、效果好，更多研究者将农作物秸秆作为纤维素类高吸水性树脂的原料，成为纤维素类吸水树脂发展的主要方向[17]。胡晶晶等[18]以改性小麦秸秆粉与丙烯酸接枝共聚，采用水溶液聚合法，过硫酸铵为引发剂，制备吸水率为 400～600g/g 的高吸水性树脂。石红锦等[19]采用反相悬浮聚合法，利用纤维素接枝丙烯酸，得到吸水率为 687g/g 的高吸水性树脂。由于天然纤维素羟基间形成大量氢键，并在固态下聚集成不同水平的结晶性原纤结构，使大部分高反应性羟基被封闭在晶区内，导致其在接枝共聚反应中的不均一性，一般利用天然纤维素制备树脂对其进行预处理[20]。预处理的方法可分为物理法、化学法、酶降解法和复合处理法。Das 等[21]合成羟丙基甲基纤维素接枝 AM 水凝胶，并研究该水凝胶的 pH 敏感性和消化道环境下药物的释放行为。结果表明，聚合物松弛、基质侵蚀和药物扩散共同控制着药物释放过程。因此，纤维素及其衍生物在高吸水性树脂制备领域有较好的应用前景。

（3）海藻酸类高吸水性树脂。海藻酸是一种含有多羟基和羧酸根的多糖，是仅次于纤维素的最丰富的生物高聚物。海藻酸因其本身具有吸水性且可生物降解，成为制备高吸水性树脂的一大类原料。黄慧珍[22]以丙烯酸和海藻酸钠为原料，采用水溶液聚合法制得吸水率为 830g/g 的树脂，吸盐率为 81g/g。张小红等[23]以丙烯酸和海藻酸钠为原料，用反相悬浮聚合法合成吸水率为 845g/g 的聚丙烯酸钠-海藻酸钠高吸水性树脂，吸盐率为 88g/g，稍高于水溶液聚合法。对树脂的可生物降解性进行研究后发现，含海藻酸钠 10%的树脂在 60d 内能够被芽苞杆菌降解 52%，在土壤中能被降解 36%，且降解速度随海藻酸钠质量分数的增加而加快。

（4）壳聚糖类高吸水性树脂。壳聚糖是一种无毒天然高分子化合物，具有良好生物相容性和可生物降解性，在壳聚糖分子主链上引入亲水性基团或进行接枝反应可以制备高吸水性树脂。陈煜等[24]利用过硫酸铵作为引发剂，使丙烯酸在壳聚糖分子链上接枝聚合，制备吸水率 1180g/g，吸盐率 120g/g 的树脂。辛华等[25]以壳聚糖为原料，采用水溶液聚合法，接枝单体选择丙烯酸和丙烯酰胺，所得树脂吸水率为 402g/g，吸盐率为 102g/g。孔炎炎[26]以壳聚糖、马来酸酐、丙烯酸为原料，采用水溶液聚合法制得可生物降解的高吸水性树脂，吸水率高达 1560.42g/g，吸盐率为 83.7g/g。

（5）蛋白质类高吸水性树脂。许多天然蛋白质大分子含有羧基、氨基、酰胺基、羟基、巯基等亲水基团，具有吸水和保水性能，但各亲水基团易形成分子内氢键，影响其吸水能力，聚合前要对蛋白质分子进行改性。晏凤梅等[27]将羽毛蛋白在亚硫酸氢钠溶液中预处理，采用水溶液聚合法接枝丙烯酸，合成的树脂具有较好生物降解性。何明等[28]用氢氧化钠溶液处理羽毛，得到羽毛蛋白提取液，中和后在过硫酸铵和亚硫酸氢钠引发剂作用下，与丙烯酸和丙烯胺接枝共聚，得到在较宽 pH 范围均有较高吸水率的蛋白质类树脂。

1.4.4　高吸水性树脂的发展趋势

1）高性能化

高性能化是在保证高吸水性树脂具有优良的吸水和保水性能基础上，提高树脂的吸水速度、耐盐性能、凝胶强度和热稳定性能。闫辉等[29]综述了提高树脂耐盐性能的四种方案：①在主链上引入非离子型亲水基团；②改变交联剂，使该交联剂含有大量的亲水基团；③用表面活性剂对树脂进行外层包皮；④用离子交换树脂进行外层包皮。孙克时等[30]以丙烯酰胺、丙烯酸、甲基丙烯酸羟乙酰为单体，采用水溶液法合成交联三元共聚高吸水性树脂。该树脂吸水速度快、吸水率达 1000g/g，吸盐水率为 88g/g。

2）复合化

复合化是改进高吸水性树脂强度的新方法。高吸水性树脂可与无机物、有机物和高分子材料等复合，制备出性能优良、成本低廉的高吸水性材料，往往兼有更多性能。李晓阳等[31]采用聚乙烯醇丙烯酸酯共聚高吸水性树脂、纱布及不黏纱布为原料，研制出一种新型复合烧伤敷料。体外实验表明，其吸水量、吸血量分别为对照纱布的 3 倍及 1.7 倍，保水量、保血量则为普遍纱布的 9 倍及 5 倍。这种复合烧伤敷料还具有生物相容性好、透气、透湿、无毒、无刺激等特点，吸收渗出液及血液的能力明显优于普通纱布，且敷料与创面的黏附力较纱布下降33%左右。与抗生素威力碘配合使用后，可获得较理想的抗菌效果，特别适用于渗出较多的烧伤创面。林松柏等[32]合成含有高岭土的部分中和交联的聚丙烯酸树脂，通过扫描电镜观测，发现高岭土吸附于树脂交联网络中，使凝胶刚性增强，强度提高。刘郁杨等[33]研究制备 PVA/SiO$_2$ 杂化材料，聚乙烯醇是多羟基高聚物，无毒、耐磨、透明、成膜性强，具有很好的吸水性，但由于本身有水溶性而不能单独作为防雾涂层，含有 TEOS 的涂层会在固化过程中形成 SiO$_2$，SiO$_2$ 增加涂层的硬度、耐水性及耐磨性，并由于形成立体形网络结构而使其稳定性提高。

3）功能化

高吸水性树脂的功能化有利于开发新型材料，提高材料功效。例如，在吸水性材料中加入抗菌成分可制得吸水性医用抗菌纤维；在纤维素溶液中加入银离子抗菌剂和磁性矿物质粉末，纺丝后这种抗菌纤维能保持持久抗菌效应，可用于绷带、纱布、外科手术用罩衣等；在吸水性水凝胶聚合物聚合凝结前加入固体载体和芳香性物质,形成芳香性水凝胶性吸水聚合物后将其烘干,当其表面被湿润时膨胀并可持久释放出香味。李侃社等[34]利用聚丙烯酸钠高吸水性树脂对高氯酸锂水溶液的吸水性和保水性,制备水凝胶,利用在电场作用下 Li^+、Na^+ 可在交联网络间与羧酸根的键合-解离过程而迁移改善导电能力,提高凝胶的电导率。同时,利用高吸水性树脂与聚乙烯醇的分子自组装性能,通过氢键作用实现弱交联,减弱羧基官能团对 Li^+、Na^+ 键合作用,提高 Li^+、Na^+ 在网络间迁移速率,成功地制备 SPA/PVA/LiClO$_4$ 三元固体电解质导电薄膜。

4)可降解性

随着人们环保意识的增强,可生物降解高分子材料的开发和应用日益受到科研人员的重视。高吸水性树脂作为一种高分子材料,随着在各个领域广泛的应用,要具有良好的可生物降解性。海藻酸钠类、纤维素类、聚乳酸类高吸水材料虽具有一定的可生物降解性,但一般较难达到100%降解率。氨基酸类高吸水性树脂能够达到100%的生物降解,但吸水性能较差,日本对此类高吸水性树脂的研究较多,是一类很有前途的可生物降解高吸水性树脂。微生物体合成的高吸水性树脂的吸水量较少,且难以进行大规模的生产,但其降解性很好,具有独特的性能,成为未来高吸水性树脂的一个发展方向。

参 考 文 献

[1] 邹新禧. 超强吸水剂[M]. 2 版. 北京: 化学工业出版社, 2002.

[2] FLORY P J. Principles of Polymer Chemistry[M]. New York: Cornell University Press, 1953.

[3] 曹会兰, 李雅丽. 吸水性淀粉接枝共聚树脂的研究进展及应用[J]. 应用化工, 2003, 23(1):12-14.

[4] 刘闻, 萧洪程, 李威. 国内外高吸水性树脂的生产及市场前景[J]. 弹性体, 2015, 25(6): 86-89.

[5] 王品, 崔英德, 刘展眉. 可生物降解高吸水性树脂及其研究进展[J]. 广州化工, 2009, 37(2): 6-8.

[6] 龚吉安, 李倩, 赵彦生. 高吸水性树脂的发展及研究现状[J]. 应用化工, 2012, 41(5): 895-897.

[7] 黄美玉, 蒋利人, 吴如, 等. 超高吸水性聚丙烯酸钠的制备[J]. 化学世界, 1984, 25(2): 111-115.

[8] 陈雪萍, 翁志学. 高吸水性树脂的研究进展和应用[J]. 化工生产与技术, 2000, 7 (1): 17-19.

[9] 柳明珠, 吴靖嘉. 吸水性高分子材料的研制 I ——丙烯腈在淀粉上的接枝共聚[J]. 兰州大学学报(自然科学版), 1985, 21(2): 116-117.

[10] 陈学刚, 胡智伟. 相悬浮法制备淀粉接枝丙烯酸高吸水性树脂[J]. 山东化工, 2014, 43(7): 1-3.

[11] 张涛, 谭兴和, 张喻. 马铃薯淀粉复合吸水树脂合成工艺优化[J]. 食品与机械, 2009, 25(3): 17-20.

[12] 于再接, 李彦萍, 廖丽莎, 等. 淀粉基超吸水性树脂的新型制备体系及表征[J]. 江苏农业科学, 2014, 42(10): 262-272.

[13] 李雅丽, 刘娟. 玉米淀粉接枝高吸水性树脂的合成研究[J]. 渭南师范学院学报, 2003, 18(5): 34-35.

[14] 陈建福, 庄远红, 郑海燕, 等. 木薯淀粉-硅藻土-丙烯酸复合高吸水树脂的制备[J]. 合成树脂及塑料, 2013,

30(4): 36-39.

[15] 杨景峰, 罗志刚, 罗发兴, 等. 淀粉反应挤出改性及挤出过程中淀粉颗粒变化[J]. 粮食与油脂, 2006, (11): 14-16.

[16] NAKASON C, WOHMANG T, KAESAMAN A, et al. Preparation of cassava starch-graft-polyacrylamide superabsorbents and associated composites by reactive blending[J]. Carbohydrate polymers, 2010, 81(2): 348-357.

[17] 李好娜, 曹奇领, 化全县, 等. 秸秆纤维素系高吸水树脂的研究[J].化工新型材料, 2018, 46(2): 131-134.

[18] 胡晶晶, 冯畅, 韩新, 等. 小麦秸秆预处理及制备吸水性树脂的研究[J]. 广州化工, 2016, 44(10): 62-63, 69.

[19] 石红锦, 孙晓琳. 纤维素接枝丙烯酸类高吸水性树脂的研究[J]. 橡塑技术与装备, 2007, 33(9): 28-32.

[20] 李雅丽, 高绵红, 曹强, 等. 改性玉米秸秆粉界面相容性的研究[J]. 科学技术与工程, 2014, 14(30): 221-224.

[21] DAS R, PAL S. Hydroxypropyl methyl cellulose grafted with polyacrylamide: Application in controlled release of 5-amino salicylic acid[J]. Colloids surfaces B: Biointerfaces, 2013, 110(1): 236-241.

[22] 黄慧珍. 聚丙烯酸-海藻酸钠吸水树脂的制备及性能研究[J]. 广州化工, 2012, 40(12): 96-97.

[23] 张小红, 崔英德. 反相悬浮聚合法合成可生物降解海藻酸钠高吸水性树脂[J].精细化工, 2006, 23(3): 219-222.

[24] 陈煜, 陆铭, 王海涛, 等. 壳聚糖接枝聚丙烯酸高吸水性树脂的合成工艺[J].高分子材料科学与工程, 2005, 21(5): 266-269.

[25] 辛华, 贾斌, 李铭杰. 壳聚糖接枝共聚制备高吸水性树脂的合成与表征[J].化学世界, 2012, 53(3): 149-155.

[26] 孔炎炎. 壳聚糖交联聚马来酸酐高吸水树脂的制备[D].青岛: 青岛科技大学, 2012.

[27] 晏凤梅, 窦瑶, 孙凯, 等. 改性羽毛蛋白接枝丙烯酸高吸水性树脂的制备及生物降解性能研究[J]. 广东化工, 2011, 38(9): 13-14.

[28] 何明, 尹国强, 王品, 等. 羽毛蛋白-聚 (丙烯酸-丙烯酰胺) 高吸水性树脂的制备及吸水性能[J]. 材料导报, 2010, 24(2): 49-53.

[29] 闫辉, 周秀苗. 耐盐性高吸水树脂[J]. 化工新型材料, 2001, 29(12): 10-13.

[30] 孙克时, 李志强, 张淑玲, 等. 水溶液共聚法合成耐盐性高吸水性树脂[J]. 化工与黏合, 2000, (3): 105-107.

[31] 李晓阳, 朱佩芳, 胡嘉念. 新型烧伤敷料的研制与评价[J]. 生物医学工程学杂志, 1994, 11(11): 5-8.

[32] 林松柏, 林建明, 施荣望. 聚丙烯酸-高岭土杂化高吸水材料的合成与性能[J].华侨大学学报, 2000, 21(3): 246-251.

[33] 刘郁杨, 邵颖息, PVA/SiO₂杂化材料的制备与表征[J].高分子材料科学与工程,2002,18(1):123-126.

[34] 李侃社, 邵水源, 闫兰英, 等. 聚丙烯酸钠吸水树脂聚乙烯醇高氯酸锂聚电解质的制备与性能[J].高分子材料科学与工程, 2003, 19(5): 101-104.

第2章　高吸水性树脂的基础理论

高吸水性树脂发展很快，大多数研究都集中在新产品合成和开发、共混、改性及应用，理论方面的研究也越来越引起高度重视。为了更好地开发吸水性材料以适应多种多样的性能要求，许多学者开始深入研究高吸水性树脂吸水性能与结构的关系，高分子与水的相互作用等本质规律，高吸水性树脂吸水热力学和吸水动力学等理论问题。

2.1　高吸水性树脂的结构

高吸水性树脂是一类分子中含有极性基团，并且具有一定交联度的功能高分子，是由化学交联和聚合物分子链间的相互缠绕而产生物理交联构成的一类功能高分子材料。高吸水性树脂具有三维空间网络结构，它大量吸收水后膨胀形成高含水凝胶，不溶于水，也不溶于常规的有机溶剂。用不同方法合成不同种类的高吸水性树脂结构也千差万别。聚合物的三维空间网络结构比较复杂，可以从其物理结构、化学结构及微观结构等三个方面进行分析。

1. 高吸水树脂的物理结构

从物理结构看，由于高吸水性树脂的合成方法及原料来源的不同，其结构也千差万别。要实现其高吸水性，树脂必须是一个经适度交联的三维网状结构聚合物，网络的骨架可以是淀粉、纤维素以及氨基酸等天然高分子材料，也可以是合成树脂材料，如聚丙烯酸类等。

2. 高吸水树脂的化学结构

从化学结构看，高吸水性树脂的主链或接枝侧链上含羧基、羟基、酰胺基、磺酸基等强亲水性官能团，这些亲水性基团与水的亲和作用是高吸水性树脂具有吸水性能的主要内因。一般亲水基团的亲水性越强，树脂与水的亲和力也越大，吸水倍数越高。亲水基团的亲水能力大小次序为：$—SO_3H > —COOH > —CONH_2 > —OH$。常见的合成高吸水性树脂单体如表 2.1 所示。图 2.1 为丙烯酸系高吸水性树脂的分子结构示意图。

表 2.1　常见的合成高吸水性树脂单体[1]

单体	结构
丙烯酸（acrylic acid，AA）	$CH_2{=}CHCOOH$
丙烯酰胺（acrylamide，AM）	$CH_2{=}CHCONH_2$
丙烯酸甲酯	$CH_2{=}CHCOOCH_3$
丙烯酸乙酯	$CH_2{=}CHCOOC_2H_5$
丙烯腈	$CH_2{=}CHCN$
N-乙烯基吡咯烷酮	$CH_2{=}CHNCO(CH_2)_3$
丙烯酸盐	$CH_2{=}CHCOOM$
甲基丙烯酸	$CH_2{=}C(CH_3)COOH$
甲基丙烯酸酯	$CH_2{=}C(CH_3)COOR$
N,N-亚甲基双丙烯酰胺	$(CH_2{=}CHCONH)_2CH_2$

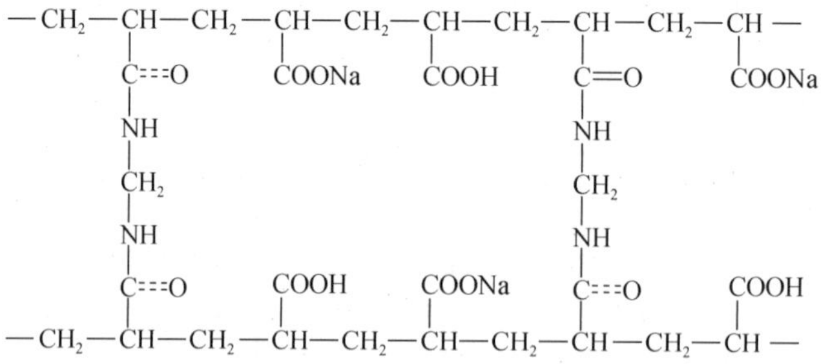

图 2.1　丙烯酸系高吸水性树脂的分子结构示意图

3. 高吸水性树脂的微观结构

日本三洋化成工业公司研究人员探讨了淀粉接枝丙烯酸聚合物的结构，比较研究接枝聚合物侧链的分子量和溶解性等，得出淀粉-丙烯酸接枝聚合物的结构模型，如图 2.2 所示。淀粉的葡萄糖环在约 2000 个单元中用一个接枝丙烯酸，每个葡萄糖环用两个以上的丙烯酸通过氢键沿淀粉生长构成聚合度约 2000 的侧链。又因为侧链部分体型结构化，并用氢氧化钠中和，所以侧链的钠盐部分从淀粉中游离出来，而侧链中未中和部分通过氢键结合在淀粉主链上，并且可推定这种钠盐和酸是互相交换的。因此，该类高吸水性树脂的吸水能力可以看成是通过水中高分子电解质的离子电荷相斥引起伸展，以及由交链结构及氢键共同构成交联形成网状结构的结果。

高吸水性树脂微观结构也因其合成体系不同而呈多样性，有海岛状和蜂窝状等，如黄美玉[2]研究的淀粉接枝丙烯酸呈岛型结构，Yoshinobu 等[3]研究的纤维

图 2.2 淀粉-丙烯酸接枝聚合物的结构模型

素接枝丙烯酰胺呈蜂窝状结构，部分水解的聚丙烯酰胺呈粒状结构等，树脂水凝胶则呈多孔网状结构。

淀粉及纤维素分子有大量的羟基，各种淀粉分子间也可互相形成氢键，起交联作用，并且能形成结晶（特别是纤维素结晶性更强，淀粉链分子也能构成螺旋状排列，如天然纤维素及淀粉都具有结晶结构），也起交联作用。由于淀粉及纤维素的大量羟基也能与水分子形成氢键，具有相当强的亲水吸水能力，它们在接枝物中起到吸水和交联的双重作用。因此，高吸水性树脂所含官能团的成分、空间结构以及被吸收液体的性质是影响其性能的主要因素。

2.2 高吸水性树脂的性能

高吸水性树脂作为一种功能材料，因其应用领域不同，对其性能也有各种各样的要求。

（1）吸水性。高吸水性树脂的吸水性反映在两个方面：一方面是其吸水溶胀的能力，以吸水率（g/g）表示；另一方面是其保水性。其吸水能力不仅决定于聚合物的组成、结构、形态、分子量和交联度等内在因素，外界条件影响也很大。高吸水性树脂吸水率的测定方法很多，有筛网法、茶袋法、抽吸法、离心法等，因测定方法不同其吸水率有所差异，只能作为参考指标。

（2）吸水（液）速度。吸水（液）速度指单位质量的高吸水性树脂在单位时间内吸收液体的质量。影响高吸水性树脂吸水速度的因素主要有：①树脂本身的结构。非离子型树脂吸水速度快，而离子型树脂吸水速度慢。②树脂的表面形态。树脂粒子越细，比表面积越大，吸水速度越快。但过细时，粒子易形成像生面粉团一样的"团粒子"，外表面吸水，但内部仍是无水粉末，反而使吸水速度降低。吸水（液）速度的主要测试方法有筛网法和搅拌停止法。

（3）保水性。高吸水性树脂不但吸水能力强，保水能力也非常强。所谓保水能力指吸水后的膨胀体保持其水溶液不离析状态的能力。众所周知，含有大量水的水凝胶一般具有加压难脱水、蒸发慢、对水的保持能力强的特点。高吸水性树脂是水凝胶,也具有这些性质。通常物质的脱水主要有加热蒸发脱水和加力脱水两种。因此,高吸水性树脂也有自然条件保水性、热保水性和加压保水性等几种保水性能。

(4)凝胶强度。高吸水性树脂吸水后,其凝胶需具有一定的强度,以维持良好的保水性和加工性能。聚合物本身的结构及组成直接决定高吸水性树脂吸水后的强度,而且凝胶强度与吸水性、吸水速度三者相互依赖又相互矛盾。因此,在制造高吸水性树脂时,应根据不同的使用要求,进行合理的分子设计,采用适宜的单体结构,选择合理的合成方法,制造出具有恰当聚合度和交联密度的产品,以达到强度、吸水性及吸水速度都能满足使用要求的吸水性树脂。高吸水性树脂充分吸水后溶胀成弹性凝胶,通常考虑的是吸水后树脂的凝胶强度,交联密度越大,吸水树脂凝胶强度越高,反之则越低。一般以压缩强度、弹性变形强度指标来衡量凝胶强度的高低[4]。

(5)稳定性。高吸水性树脂作为吸水性材料使用必然会受到外界条件,如光、热、化学物质以及其他条件的影响,使其吸水性能发生改变。因此,高吸水性树脂的稳定性主要包括热稳定性、光稳定性和储存稳定性等。不同种类的高吸水性树脂吸水后,其稳定性有差异,如聚丙烯酸盐类树脂随交联度增加热稳定性也增大。常温下,高吸水性树脂可在密闭容器内储存3~5年,其吸水能力不变,稳定性很好。

(6)增稠性。高吸水性树脂凝胶具有特殊的流变性能,增稠性是其显著特性,很少量的树脂可使溶液黏度大大提高。通过研究高吸水性树脂凝胶增稠机理,发现由于其在水中可高度溶胀,吸收溶剂,溶液体系被溶胀的树脂颗粒紧密填充而变得稠密,溶液黏度显著增加。

除以上性能外,高吸水性树脂还具有吸氨性、扩散性、安全性和相溶性等特殊性能。部分高吸水性树脂的特性见表2.2。

表2.2　部分高吸水性树脂的特性

高吸水性树脂种类	产品形态	吸水率/(g/g)	吸水速度	凝胶强度
聚丙烯酸盐类	粉末、球状	300~1000	快	弱
乙酸乙烯-丙烯酸酯共聚皂化物	球状	500~700	中	强
PVA-马来酸酐反应物	非固定形	100	慢	中
异丁烯-马来酸酐共聚交联物	非固定形	200~400	快	中
聚丙烯腈类皂化物	纤维、粉末	150	快	弱
聚环氧乙烷类	粉末	50	慢	中
淀粉-丙烯腈接枝聚合皂化物	粉末	300	快	弱
淀粉-丙烯酸接枝物	粉末	300~800	快	弱
羧甲基纤维素交联物	粉末、微细纤维	20	快	弱

2.3　高吸水性树脂的吸水机理

2.3.1　高吸水性树脂吸水实质的探究

自然界中能吸水的物质很多，按吸水性质可分为两类：一类是物理吸附。传统的吸水材料如棉花、纸张、海绵等，其吸水主要是毛细管吸附原理，这类物质吸水能力不高，最多只能吸收自身重量几十倍的水，一旦加热、加压，水就逸出。另一类是化学吸附。吸水性材质通过化学键结合水分，即水分子与材质的分子发生了一定程度化学键合，可以一直渗透到材质的网状分子结构中去，这种吸附牢固，加压、加热也不易失水，因此不仅吸水性强而且保持性好。高吸水性树脂是分子中含有极性基团并具有三维交联网络结构的功能高分子材料，在结构上是轻度交联的空间网络结构，分子中含有亲水基团和疏水基团，它的吸水既有物理吸附，又有化学吸附和网络吸附，因此具有强大的吸水能力，可吸收自身重量成百上千倍的水。

例如，1g 聚丙烯酸盐高吸水性树脂，最多可含有羧基的物质的量为

$$n=1/72=0.0139（mol）$$

通过化学吸附，即水分子与高分子化合物上电负性强的氧原子形成氢键结合，可以吸收 0.0139mol 的水，即 0.25g 水。而事实上它可以吸收自身重量几百倍甚至几千倍的水，这说明它的吸水除物理、化学吸附外，还有网络吸附。

2.3.2　高吸水性树脂的吸水热力学

1. 高吸水性树脂吸水过程中的熵变

与溶液混合一样，高吸水性树脂吸水溶胀后其熵值也会发生变化，可分为以下几部分，表示为

$$\Delta S_{隔离}=\Delta S_{环境}+\Delta S_{系统}=\Delta S_{离子}+\Delta S_{混合}+\Delta S_{构象} \tag{2.1}$$

式中，$\Delta S_{离子}$ 是亲水性的离子基团引起的熵变；$\Delta S_{混合}$ 是高分子聚合物与溶剂的混合熵变；$\Delta S_{构象}$ 是高分子聚合物的结构熵变。当高吸水性树脂吸水后，其高度缠绕的链段结构自交联点伸直，结构混乱度减小，$\Delta S_{构象}<0$ 为负熵；但混合熵都是正的，而且离子团离解及稀释过程都是熵增加的，满足熵增加原理，即 $\Delta S_{隔离}>0$，这说明高吸水性树脂的吸水是自发的。

2. 高吸水性树脂吸水过程中的焓变

虽然高分子聚合物吸水构象熵为负值，是吸热反应，但是吸水溶胀时亲水基团与水形成氢键是主要因素，是放热反应，因此总的过程是放热反应，即焓变 $\Delta H<0$，

这与聚丙烯酸钠树脂的溶胀热为-196J/g 符合。

3. 高吸水性树脂吸水过程中的吉布斯自由能变

在定温时，吉布斯自由能变、焓变、熵变的关系为

$$\Delta G = \Delta H - T \cdot \Delta S \tag{2.2}$$

高吸水性树脂吸水过程的熵变为

$$\Delta S > 0 \tag{2.3}$$

高吸水性树脂吸水过程的焓变为

$$\Delta H < 0 \tag{2.4}$$

因此，高吸水性树脂吸水过程的自由能变为

$$\Delta G < 0 \tag{2.5}$$

即高吸水性树脂的吸水过程是自发的。综上所述，通过热力学原理可以合理地解释高吸水性树脂自发吸水的原因。

4. 高吸水性树脂吸水过程中化学势的变化

高分子聚合物与水接触时，由于二者之间的化学势不同，聚合物表现出亲水性或者疏水性：

$$\Delta \mu = \mu_1 - \mu_0 \tag{2.6}$$

式中，$\Delta \mu$ 为水在高分子聚合物中的化学势与水的化学势之差；μ_1 为水在聚合物中的化学势；μ_0 为水的化学势。当 $\Delta \mu > 0$ 时，聚合物具有疏水性；当 $\Delta \mu < 0$ 时，聚合物具有亲水性，水分子可以自发进入疏聚合物中[5]。部分疏聚合物的标准化学势如表 2.3 所示。

表 2.3　部分疏聚合物的标准化学势

疏聚合物	标准化学势/（J/mol）
聚丙烯酸钠	-314.0
纤维素	-372.6
聚苯乙烯	13816.4
聚乙烯	23027.4
聚甲基丙烯甲酯	5819.4
聚酰胺-6	1733.3

5. 高吸水性树脂吸水性和保水性的热力学分析

从热力学观点看，化学势 $\Delta \mu < 0$，或吉布斯自由能变 $\Delta G < 0$，水在高分子相中稳定，水能渗入到高分子相中，直到满足平衡（$\Delta \mu = 0$）为止。如果 $\Delta \mu > 0$，

或 $\Delta G > 0$，则水在高分子相中不稳定，水不能渗入到高分子相中。

高吸水性树脂的吸水和保水是一个问题的两个方面，在一定温度和压力下，高吸水性树脂能自发吸水，水进入到树脂中，使整个体系 ΔG 降低，直到满足平衡为止。例如，水从树脂中逸出，使 ΔG 升高，不利于体系的稳定。差热分析表明，高吸水性树脂吸收的水在 150℃以上时仍有 50%的水封闭在水凝胶的网络中。当温度达到 200℃时，水分子的热运动超过高分子网络的束缚力后，水才挥发逸出。因此，在常温下，不论施加多大的压力，水也不会从高吸水性树脂中逸出，这是由高吸水性树脂的热力学性质决定的。

2.3.3　高吸水性树脂的吸水动力学

高吸水性树脂的形状对其吸水动力学行为存在较大影响。对于薄片状的高吸水性树脂，如果直径与厚度的比大于 10∶1，其溶胀动力学可采用菲克吸水动力学模型处理。根据菲克吸水动力学模型，薄片状高吸水性树脂的吸水过程可分为三个步骤，即水分子向高分子网络扩散，水化作用导致大分子链松弛，大分子链向空间扩散。当薄片状高吸水性树脂的含水量不大，交联网络之间的大分子链松弛，薄片状高吸水性树脂的吸水过程主要由水分子的扩散过程控制。这种溶胀过程可以用菲克扩散方程来描述。

$$\frac{M_t}{M_\infty} = 1 - \sum_{n=0}^{\infty}[8/(2\alpha+1)^2 \Pi^2]e^{[-(2\alpha+1)^2 \Pi^2 (D_p t / L^2)]} \tag{2.7}$$

式中，M_t 表示 t 时刻薄片状高吸水性树脂所吸收水分的质量；M_∞ 表示吸水饱和时薄片状高吸水性树脂所吸收水分的质量；D_p 表示扩散系数；L 表示干燥薄片状高吸水性树脂的厚度；α 表示特征参数；Π 表示渗透压。

菲克扩散方程通常可以采用式（2.8）描述：

$$\frac{M_t}{M_\infty} = kt^\alpha \tag{2.8}$$

式中，k 为常数，与薄片状高吸水性树脂的结构有关；t 为溶胀时间；α 为特征指数，决定薄片状高吸水性树脂吸水过程的类型。

对于菲克吸水过程，$\alpha = 0.45 \sim 0.5$；对于非菲克类型的吸水过程，$0.5 < \alpha < 1$。

令

$$\frac{M_t}{M_\infty} = F$$

则

$$F = kt^\alpha \tag{2.9}$$

对式（2.9）取对数，可得

$$\ln F = \alpha \ln t + \ln k \tag{2.10}$$

将 $\ln F$ 对 $\ln t$ 作图，根据直线的斜率和截距，即可求得特征参数 α 的值，用于判断薄片状高吸水性树脂的溶胀过程是否符合菲克吸水动力学模型。在实际生产及应用过程中，高吸水性树脂的形状很少为薄片状，一般为球体或者不规则的颗粒，因此很难采用菲克模型描述高吸水性树脂的吸水动力学行为。

根据高吸水性树脂的吸水机理，高吸水性树脂的吸水过程既包括水分子向其三维交联网络的扩散过程，又包括其三维交联网络的松弛过程，而这种过程实际上是构成高吸水性树脂三维交联网络的大分子链在水中扩散的过程。这样，高吸水性树脂的吸水动力学行为，同时受这两种过程影响。如果水分子在高吸水性树脂三维交联网络中的扩散速度超过其大分子链在水中的扩散速度，高吸水性树脂的吸水动力学实际上可以用水分子在高吸水性树脂三维交联网络中的扩散动力学描述。高吸水性树脂三维交联网络的大分子链在水中的扩散行为遵循扩散方程，扩散系数等于网络弹性模量与网络和流体之间摩擦系数的比值。

Tanaka 等[6]从理论和实验两方面考察了球体、中性高吸水性树脂的溶胀动力学，认为其吸水动力学行为可描述为一个扩散方程，其扩散系数 D 为

$$D = \frac{\text{Mos}}{f} = \frac{\text{Kos} + \dfrac{4u}{3}}{f} \tag{2.11}$$

式中，D 为高吸水性树脂三维交联网络的大分子链在水中的扩散系数；Mos 为高吸水性树脂的纵向渗透模量；Kos 为高吸水性树脂的压缩渗透模量；u 为高吸水性树脂的剪切模量；f 为高吸水性树脂与水之间的摩擦系数。

目前，对于高吸水性树脂吸水的动力学研究不多，因为离子型高吸水性树脂的吸水速度很快，采用常规方法很难研究，而 Ogawa 等[7]采用显微镜连接录像系统，通过反复播放高吸水性树脂溶胀过程，可以测量 0.033s 内其体积变化并记录树脂凝胶的直径变化，从而较为准确得出聚丙烯酸钠溶胀是一级动力学过程，动力学常数为 10^{-2}s^{-1}。尽管目前对影响高吸水性树脂吸水速度的因素探讨较多，但尚未建立普遍适用的高吸水性树脂吸水动力学模型。

2.3.4　高吸水性树脂的吸水理论

1. Flory 溶胀理论

高吸水性树脂的微观结构直接影响其吸水机理，其吸水后形成有弹性的凝胶，吸水机理与常规的液体扩散理论有所不同。Flory[8]于 1953 年从热力学的角度出发，运用弹性凝胶理论推出高吸水性树脂溶胀能力的数学表达式 [式（2.12）]，定量指出了树脂的吸水倍数和交联度、对水的亲和力、外界离子强度、固定在树脂上的电荷密度之间的关系，为高吸水性树脂的发展和分子设计提供了理论依据。

$$Q^{3/5} = \left\{ [i/(2V_u S)^{1/2}]^2 + (1/2 - x)/V_1 \right\} / (V_e / V) \qquad (2.12)$$

式中，i 表示离子强度；Q 表示树脂吸水的倍数；V_e 表示交联结构中链的数目；V 表示树脂未吸水的体积；V_u 表示结构的摩尔体积；i/V_u 表示树脂上固定的电荷密度；S 表示外部溶剂的离子强度；V_e/V 表示树脂的交联度；$[i/(2V_u S)^{1/2}]^2$ 表示渗透压；$(1/2-x)/V_1$ 表示树脂对水的亲和力。

式（2.12）中，$[i/(2V_u S)^{1/2}]^2$ 表示渗透压，是高分子材料网络结构内外的离子浓度差造成的；$(1/2-x)/V_1$ 表示高分子电解质网络与水的亲和力，是增加吸水能力的部分；这两相之和即 $\{[i/(2V_u S)^{1/2}]^2 + (1/2-x)/V_1\}$ 表示吸水能力。式（2.12）中的分母 V_e/V 代表交联密度。若交联密度小，聚合物未形成三维网状结构，宏观上表现为水溶性，故吸水率低。随着交联度的增加，聚合物网络结构形成，聚合物吸水率提高，但交联度再增加，V_e/V 增大，其吸水能力降低，这是因为聚合物离子网络结构中交联点增多，交联点之间的网络变短，网络结构中微孔变小，交联密度增加，故聚合物吸水率下降。

Flory 公式较全面地反映了高分子吸水树脂与交联度、对水亲和能力固定在树脂上的电荷浓度、外部溶液的电解质浓度及其分子量、溶液的体积等的关系。由 Flory 公式可知，离子型高吸水性树脂的吸水能力受电解质的影响比较大。因此，当吸收盐水时，盐水的离子强度远大于淡水，吸水能力明显下降。当外部溶液电解质的离子强度越大，则吸水能力显著降低，同时受 pH 的影响显著。相反，非离子型高吸水性树脂则受盐类、pH 的影响小。这是因为离子型的吸水性树脂带有离子，其与酸、碱及其他电解质盐的离子相互作用，所以等离子效应使得吸水性高分子网络扩散膨胀受到了阻碍，或使已膨胀的吸水性树脂收缩而与水分离。

对于非电解质的吸水性树脂而言，没有式（2.12）中 $[i/(2V_u S)^{1/2}]^2$ 项，故比电解质吸水树脂的吸水能力差，不具有高吸水性。但非离子型的吸水性树脂的吸水能力不会受到盐类、酸碱类（pH）的显著影响。因此，在制备离子型高吸水性树脂时配合一部分非离子型吸水性树脂，得到既具有离子亲水基团，又具有非离子性亲水基团的吸水性聚合物，这样不仅可以提高聚合物的耐盐性、耐酸碱性，而且吸水能力也相当高。

水溶液的离子强度 i 越高，吸水率越小，故在酸、碱、盐等电解质溶液中树脂的吸水能力下降，增加树脂分子链的亲水性和电荷密度都有利于提高吸水率。对于非电解质的吸水性树脂而言，i 为 0，没有式（2.12）中 $[i/(2V_u S)^{1/2}]^2$ 项，故比电解质的高吸水性树脂的吸水能力差，就不具有超强吸水性。该理论公式为合理设计制备所需要的高吸水性树脂提供了依据，是进行吸水性树脂的分子设计的重要理论基础。

根据式（2.12）可以定量地计算出树脂产品的吸水率，但考虑的因素过于简单，计算有一定的误差，因此常采用式（2.12）定性地分析和讨论影响树脂吸水能力的各种因素。

2. 刘廷栋的网络结构理论

刘延栋等[9]从网络结构方面对高吸水性树脂吸水机理进行了分析,认为高吸水性树脂是轻度交联的空间网络结构,是由化学交联的高分子链间的相互缠绕等物理交联构成的。因此,当高吸水性树脂吸水时,可以看成是一种高分子电解质组成的离子网络。在这种离子网络中,存在可移动的离子对,它们是由高分子电解质的离子组成,其离子网络如图 2.3 所示。

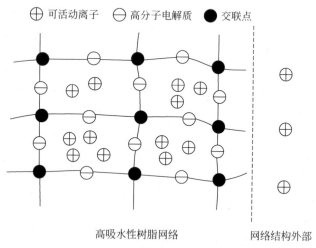

图 2.3　高吸水性树脂的离子网络结构

高吸水性树脂的吸水过程是一个很复杂的过程。吸水前,高分子网络是固态网束,未电离成离子对。当聚合物遇水时,水分子通过氢键与树脂的分子链上存在大量亲水基团发生水合作用,亲水基团开始离解,阴离子数目不断增加,离子间的静电斥力使高分子网束张展。同时为了维持电中性,阳离子不能向外部溶剂扩散,导致可移动阳离子在树脂网络内的浓度增大,从而造成网络结构内外产生渗透压,水分子通过渗透压作用向网内渗透。在高吸水性树脂吸水膨胀过程中,其三维交联网络结构扩张也产生相应的弹性收缩力,随着吸水量的增大,网络内外的渗透压差趋于零,而随着网络扩张其弹性收缩力也在增加,逐渐抵消阴离子的静电斥力,当这种弹性收缩力与阴离子的静电斥力相等时,高吸水性树脂达到吸水平衡。

同理,被吸附水中含有盐时,渗透压降低,吸水能力降低。因此,高分子网络的亲水基团是不可缺少的,它起着张网作用,同时导致产生渗透压,亲水基团是高吸水性树脂能够完成吸水全过程的动力因素;高分子网络持有大量水合离子,是高吸水性树脂提高吸水能力、加快吸水速度的另一个因素;高分子网络是吸水能力强大的结构因素,三维空间网络的孔径越大,吸水率越高,反之,孔径越小,吸水率越低。吸水和保水是一个问题的两个方面,在一定温度和压力下,高吸水性树脂能自发吸水,水进入树脂后,体系的自由能降低,直到满足平衡为止,如水从中逸出,则自由能升高,不利体系稳定。

高吸水性树脂必须具备三个条件:①含有大量亲水基团;②有适当的交联度,交联密度越高,吸水能力越小,但保水能力则越强;③具有适当的三维网络结构。这种网络结构可使高吸水性树脂内外形成离子浓度差,产生渗透压,使大量水分子钻进网络内部,一部分水分子同网络中的亲水基团以氢键方式结合为"结合水",这部分水不再具有普通水分子的某些性质。例如,在 0℃水不能冻结,称为"不冻结水";另一部分水分子则以"自由水"形态存在,这种水的性质与普通水分子的性质完全相同,称为"可冻结水"。而介于二者之间且受到与"结合水"之间的氢键影响的一部分水分子则称为"束缚水"。由于高吸水性树脂的三维交联网络结构限制了水分子的运动,故吸收的水在加压下不会被挤出来,使高吸水性树脂具有其他吸水材料所不具有的保水性。高吸水性树脂亲水基周围水的构造模型如图 2.4 所示。

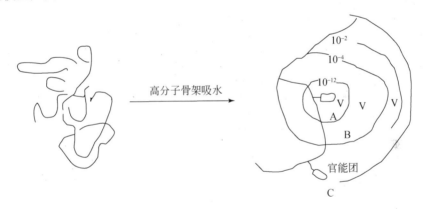

高分子骨架吸水

图 2.4　高吸水性树脂亲水基周围水的构造模型

V-水分子;A-结合水;B-束缚水;C-自由水

刘廷栋等[9]用差示扫描量热法(differential scanning calorimetry,DSC)、核磁共振(nuclear magnetic resonance,NMR)分析处于凝胶态的吸水性树脂时,发现其中存在大量的冻结水和少量的不冻结水。由于亲水性水合,在分子表面形成 0.5～0.6nm 的水分子层,第一层为极性离子基团与水分子通过配位键或者氢键形成的结合水;第二层为水分子与结合水通过氢键形成的结合水层。这些结合水的数量与高吸水性树脂的最大吸水量相比差 2～3 个数量级。可见,高吸水性树脂的吸水主要是靠树脂内部的三维网络的作用吸收大量自由水并存储在树脂之内。这些水的吸附不是纯粹的毛细管吸附，而是高分子网络的物理吸附。这种吸附不如化学吸附牢靠，仍具有普通水的性质，只是水分子的运动受到了限制。

从高吸水性树脂的吸水热力学特征可以看出，进行高吸水性树脂的分子设计时，应考虑标准化学势较低的聚合物有利于提高高吸水性树脂的吸水能力，但也会提高高吸水性树脂的吸湿性。离子型高吸水性树脂因其渗透压较大，吸水能力较高，但在盐溶液中的吸水能力会急剧下降。高吸水性树脂的组成不同，其吸水的机理也不同。对于聚电解质型的高吸水型树脂来说，主要是靠渗透压来完成吸水过程，而非离子型的高吸水性树脂则是靠亲水基团的亲水作用来完成的。高吸水性树脂的吸水能力是由高分子电解质的离子排斥所引起的分子扩散和网络结构引起的阻碍分子扩张相互作用所致，即高分子离子化程度不同，吸水能力也不同，离子化程度越低，吸水能力越弱。因此，非离子型高吸水性树脂的吸水能力不如离子型高吸水性树脂。例如，聚丙烯酸盐类高吸水性树脂由亲水基团和疏水基团构成的聚电解质，当它溶于介电常数很高的溶剂如水中时，就会发生离解，生成聚合物离子-羧酸根离子和无机离子（如 Na^+）。Na^+ 在水中为可移动的离子，羧基负离子与链相连，不能向水中扩散，主链网络骨架均为带负电的羧基离子，主链网络间的排斥产生网络扩张的动力。Na^+ 具备一定的活动性，但由于维持电中性，受网络骨架相反电荷的吸引、束缚，使得 Na^+ 只能存在于网络中，这样网络内部 Na^+ 浓度大于外部 Na^+ 浓度，离子内外产生渗透压，加上聚电解质本身的水合能力强，水在短时间内大量进入网络。一方面，随着水进一步渗透，部分正负离子对离解，Na^+ 脱离聚合物分子链向溶液扩散，导致聚合物分子链得到扩张，水就更容易进入聚合物中。另一方面，聚合物本身的交联网络结构及氢键结合，又限制了聚合物分子网络结构不能无限制地扩大。这两种相反作用造成高吸水性树脂具有一定的吸水能力及吸水之后维持凝胶状，达到了溶胀平衡。

2.3.5　高吸水性树脂与水的相互作用

1. 高吸水性树脂与水的作用

高吸水性树脂内所吸附的水可分为三类：结合水、束缚水和自由水。高吸水性树脂亲水基周围水的构造模型已通过 DSC、NMR 分析得到证实（图 2.4）。其中结合水是高吸水性树脂上的极性离子基团通过很强的配位键或氢键与水分子相结合，测不出熔点，因此又称不冻结水；而束缚水的熔点低于正常水；自由水的熔点则与普通水相同。用 DSC、NMR 分析高吸水性树脂处于凝胶状态时，存在大量的束缚水和自由水，在水分子表面形成厚度为 0.5～0.6nm 的水分子层。

2. 高吸水性树脂与水作用后结合水的比例

假如认为结合水是以氢键与树脂结合的那部分水，对于淀粉接枝丙烯酸聚合物，就可推出结合水的比例。由 x（g）淀粉与 y（g）丙烯酸接枝聚合接枝物中，淀粉的 1 个葡萄糖单元有 6 个氧原子，1 个氧原子可形成 2 个氢键，即结合 12 个水分子；1 个丙烯酸含 1 个—COO—可形成 5 个氢键，即结合 5 个水分子。则接枝物吸水后结合水占接枝物的比例可表示为

$$[(6x/180) \times 2 + (5y/72) \times 18]/(x+y) \times 100\% \tag{2.13}$$

由于 x/y 一般在 0.1～10，x、y 的系数相差不大，则式（2.13）可近似处理为

$$\{[(x+y) \times (0.0667 + 0.0694)]/(x+y)\} \times 18 \times 100\% = 123\% \tag{2.14}$$

事实上丙烯酸是部分中和的，结合水应小于这个比例，如淀粉-丙烯腈水解物的水凝胶，结合水占聚合物的 118%，这与式（2.14）计算结果很接近。因此，结合水是以氢键结合的，具有较强的相互作用。

图 2.5 为实验中得到的淀粉接枝丙烯酸系高吸水树脂的保水率曲线。一般发现在保水率曲线的末端总存在一个明显的折点，这是因为失去水时先是失去自由水，后失去结合水，后者为化学键作用，结合更牢固，比自由水更难失去，所以最后曲线趋于平缓，而且结合水比例很小，折点后只是很小一段。相对于液态水而言，树脂中的自由水也不易失去，因为水分子被束缚在高分子凝胶网络中，这种束缚作用大于液态水间的相互作用，所以水分子不易脱离网络而失去。

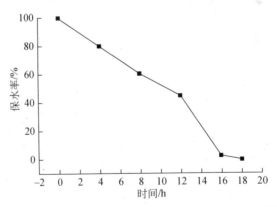

图 2.5　淀粉接枝丙烯酸系高吸水树脂的保水率曲线[10]

可见，高吸水性树脂的吸水，主要是靠树脂内部三维空间网络间的作用，吸收大量的自由水储存在树脂中，即水分子封闭在边长为 1～10nm 的高聚物网络内。这些水的吸附部分是物理吸附，不如化学吸附牢固，但仍具有普通水物理化学性质，只是水分子的运动受到限制。

3. 高吸水性树脂在水中的溶胀过程

由以上分析可知，高吸水性树脂吸收的水 98%以上为自由水。大量的自由水是怎样进入高吸水性树脂网络的？吸水前，高分子网络是固态网束，不存在离子对。当高分子遇见水时，首先，表面亲水基团和水分子进行水合作用，形成氢键，这部分水是结合水；其次，高分子网束随之扩展，亲水性的离子基团水解成可移动的离子，这样高分子网络内部和外部水间产生离子浓度差，从而产生内外渗透压，在渗透压作用下，水分子向高分子网络中渗透，渗透进入网络的是自由水；最后，自由水又与内部亲水基团形成氢键，进一步有基团的水解和渗透压差，于是水源源不断地进入高吸水性树脂网络。因此，吸水过程包含三个部分：氢键形成、水解和渗透压差引起的扩散。溶胀过程在两种情况下达到平衡：第一种情况是高分子网络全部伸展开，吸水率达到最大；第二种情况是当高分子网络内外的渗透压相等时，树脂也停止溶胀达到吸水平衡。

2.3.6 高吸水性树脂吸水理论的研究现状

目前，对不同类型的高吸水性树脂产品研究很多，但对其吸水机理的研究还相对落后。在每年发表的有关高吸水性树脂的论文中，大约 90%是产品开发方面的，而对涉及高吸水性树脂基础理论研究不是很多，更多的研究是从 Flory 公式及弹性凝胶理论进行分析，制约了综合性能好的高吸水性树脂的研发[11]。对高吸水性树脂结构机理的研究是合成与应用之间的纽带，缺乏它，产品开发会有一定的盲目性，因此加快高吸水树脂的理论研究刻不容缓。随着高吸水性树脂结构和形态研究的发展和深入，将不断创造新方法、新手段以获取吸水性树脂更多的、更详细的吸水形态和结构。在吸水理论指导下进行高吸水性树脂分子设计和形状设计，可望得到更加优化、高效且适用性更广泛的高吸水性材料。

参 考 文 献

[1] 邹新禧. 超强吸水剂[M]. 2 版. 北京: 化学工业出版社, 2002.

[2] 黄美玉. 高吸水性树脂[J]. 高分子通讯, 1988, (1): 50-54.

[3] YOSHINOBU M, MORITA M, HIGUCHI M, et al. Morphological study of hydrogels of cellulosic superwater absorbents by CRYO-SEM observation[J]. Journal of applied polymer science, 1994, 53(9): 1203-1209.

[4] 李莉, 王玮屏, 武现治. 农林用高吸水性树脂的性能指标检测方法[J]. 中州大学学报, 2003, 20(1): 109-111.

[5] 林润雄, 姜斌, 黄毓礼. 高吸水性树脂吸水机理的探讨[J]. 北京化工大学学报, 1998, 25(3): 20-25.

[6] TANAKA T, FILLMORE D J. Kinetics of swelling of gels[J]. The journal of chemical physics, 1979, 70(3): 1214-1218.

[7] OGAWA I, YAMANO H, MIYAGAWA K. Rate of swelling of sodium polyacrylate[J]. Journal of applied polymer science, 1993, 47(2): 217-222.

[8] FLORY P J. Principles of Polymer Chemistry[M]. New York: Cornell University Press, 1953.

[9] 刘延栋, 刘京. 高吸水性树脂的吸水机理[J]. 高分子通报, 1994, (3): 182-185.

[10] 龙明策, 王鹏, 郑彤, 等. 高吸水性树脂溶胀热力学及吸水机理[J]. 化学通报, 2002, 18(10): 705-709.

[11] 尹国强, 崔英德, 黎新明. 高吸水性树脂的结构设计与性能改善[J]. 河南化工, 2004, 21(11): 1-4.

第3章 高吸水性树脂的反应原理、制备方法及性能测定

3.1 合成高吸水性树脂的基本途径

高吸水性树脂是一类既具有许多亲水性功能基团，又有轻微交联的功能高分子化合物，因此完全遵循高分子化合物的合成途径。

1. 通过亲水性单体直接合成

高吸水性树脂可以在少量交联剂作用下，利用带有亲水功能基团如—COOH、—OH 等单体直接聚合而制得。例如，丙烯酸通过聚合反应可以制备聚丙烯酸盐类高吸水性树脂，反应式为

$$n\text{CH}_2{=}\underset{\underset{\text{COONa}}{|}}{\text{C}}{-}\text{H} \longrightarrow \underset{\underset{\text{COONa}}{|}}{\left[\text{CH}_2{-}\text{CH}\right]}_n \tag{3.1}$$

这种途径合成的高吸水性树脂在高分子链中每个链节都有功能基，即链节数与功能基数相同，故聚合物的亲水性功能基团分布均匀，功能基含量高的缺点是需要制备亲水性单体，单体价格较贵，成本较高。

2. 通过高分子化合物的化学反应制备

该合成方法是先通过单体聚合制备反应性高分子化合物，然后再进行化学反应引入亲水功能基团。例如，以乙酸乙烯酯为原料先制备聚乙酸乙烯酯，再进行醇解可得聚乙烯醇，然后进行交联或同时引入羧基可制得高吸水性树脂。其缺点是聚合物反应基团难以全部反应，不能达到每个链节都具有亲水功能基团，亲水基团分布不均匀，其性能受到一定程度的影响；优点是可利用现有的合成高分子化合物作为原料，来源方便，价格相对低廉。

3. 通过天然高分子化合物的化学反应制备

天然高分子化合物制备的高吸水材料主要有淀粉、纤维素、海藻酸钠、甲壳素及其衍生物、蛋白质改性吸水性树脂和聚氨基酸类吸水性树脂等。它是将天然高分子化合物通过化学反应引入功能基团。例如，淀粉类高吸水性树脂是将淀粉

与乙烯基单体在引发剂作用下或经辐射通过自由基聚合将乙烯基单体如丙烯腈、丙烯酸、丙烯酰胺和丙烯酸酯接枝到淀粉制得；纤维素类高吸水性树脂是以纤维素为骨架，通过与其他单体接枝共聚形成的高分子聚合物。

　　天然高分子化合物制备的高吸水性材料大多数具有可生物降解性，随着人们环保意识的不断增强，可生物降解的绿色高吸水性树脂的研发日益受到国内外科研人员的重视，可生物降解的绿色高吸水性树脂必将实现工业化，从而得到广泛的应用。

3.2　合成高吸水性树脂的反应原理

　　聚合反应是合成高吸水性树脂的重要方法。通过聚合反应，一方面可以使带亲水性功能基单体直接合成高吸水性树脂；另一方面可使带反应性基团的单体合成具有反应性的聚合物，再通过高分子化合物的化学反应引入亲水性功能基团而制成高吸水性树脂。

　　聚合反应一般由链引发、链增长、链终止等反应步骤组成。根据链增长的活性中心不同，可将聚合反应分成自由基聚合、阳离子聚合、阴离子聚合和配位络合聚合等[1]。

　　在合成高吸水性树脂反应中，大部分是烯类单体的加聚反应，属于聚合反应机理。其中以自由基聚合为主，离子型聚合为数不多。例如，聚丙烯酸盐类高吸水性树脂是以丙烯酸和丙烯酸盐在引发剂作用下发生聚合，经交联剂交联生成交联网络聚合物的过程，或将丙烯酸酯与其他单体发生聚合生成交联网络聚合物后，再进行皂化。该反应属于自由基聚合反应，包括链引发、链增长、链转移以及链终止等步骤。

3.2.1　自由基聚合反应

　　自由基聚合反应是指烯类单体进行自由基链式加成聚合形成高聚物的反应，也称自由基加成聚合反应。无论是亲水性单体还是非亲水性单体合成高分子化合物，大多数是通过自由基聚合反应进行的，高分子化合物进行的接枝共聚、嵌段共聚等化学反应，也是按自由基聚合反应机理进行的。因此，自由基聚合反应是合成高吸水性树脂最重要的基本化学反应[2]。

　　1. 自由基聚合反应的特点

　　自由基聚合反应是在光、热、辐射或引发剂的作用下，单体分子活化为活化自由基，然后按链引发、链增长、链终止等步骤进行聚合反应。自由基聚合反应中，反应速度极快，瞬时就产生大分子，它是不可逆反应，不能分离出中间产物。

自由基聚合反应分为均聚合反应和共聚合反应两种。均聚合反应是指同种单体分子间的反应，而共聚合反应是指两种或多种单体分子间的聚合反应。

2. 自由基聚合单体

合成高吸水性树脂的自由基聚合单体，不仅需具有一般自由基聚合的单体结构，而且还应使其聚合物链具有亲水基团。自由基聚合单体可以分为两类，一类是非亲水性单体，这类单体发生聚合反应后得到的产物必须通过高分子化学反应使聚合物具有亲水性官能团；另一类是带亲水基团的亲水性单体，这类单体经过聚合反应后直接得到高吸水性树脂。

作为自由基聚合单体，必须带有能进行自由基聚合的反应基团。这些反应基团包括碳与碳原子之间、碳与杂原子之间的不饱和结构，环烃结构、杂环结构化合物等。最常见的是烯类单体的自由基聚合，其反应基团主要有乙烯及取代乙烯类单体，其取代基的性质、数目及其位置等都会影响单体自由基聚合行为。自由基聚合的主要单体见表 3.1。

表 3.1　自由基聚合的主要单体

类型	单体
$CH_2{=}CHY$	$CH_2{=}CH_2$　$CH_2{=}CHCOOH$　$CH_2{=}CHCOOR$　$CH_2{=}CHCH{=}CH_2$　$CH_2{=}CHC_6H_5$ $CH_2{=}CHCl$　$CH_2{=}CHF$　$CH_2{=}CHCN$　$CH_2{=}CHOCOCH_3$　$CH_2{=}CHCONH_2$
$CH_2{=}CHXY$	$CH_2{=}C(CH_3)COOH$　$CH_2{=}C(CH_3)COOR$　$CH_2{=}C(CH_3)CH{=}CH_2$ $CH_2{=}C(Cl)CH{=}CH_2$　$CH_2{=}CCl_2$　$CH_2{=}CF_2$　$CH_2{=}C(CH_3)C_6H_5$　$CH_2{=}C(CH_3)CN$

从取代基性质上能发生自由基聚合的反应基团有：取代基是吸电子基团，如—Cl、—COOR、—OCOCH₃、—CN；较弱的给电子基团能与烯键形成共轭的—CH=CH₂、—C₆H₅ 等；具有较强的给电子取代基如—CH₃、—OR 则不能进行自由基聚合。从取代基的数目及其位置来说，当有两个取代基时，只有 1,1-二取代乙烯如 1,1-二氯乙烯才能发生自由基聚合，而 1,2-二取代乙烯如 1,2-二氯乙烯、顺丁烯二酸及其酸酐，由于空间阻碍不能进行自由基聚合，但可以与其他单体如苯乙烯等共聚。三取代或四取代的烯类单体，除取代基是氟外，都不能聚合。

3. 自由基聚合反应机理

自由基聚合反应主要由链引发、链增长、链转移和链终止等反应步骤组成。

（1）链引发。链引发反应是在光、热、辐射或引发剂等外界条件的作用下，使单体分子活化为单体自由基的过程。合成高吸水性树脂的聚合反应多采用引发剂引发，一般经过下列两步反应。

①引发剂 I 分解为初级自由基（R·）。引发剂的分解是吸热反应，活化能较高，约为 $1.25 \times 10^2 kJ/mol$，反应速率小，为聚合反应的主要控制步骤：

$$I \longrightarrow 2R· \tag{3.2}$$

②初级自由基打开单体的双键，使单体末端形成新的单体自由基，其反应过程为

$$R·+CH_2 \!\!=\!\! C\!\!-\!\! \longrightarrow CH_2\!\!-\!\!\overset{·}{C}H \tag{3.3}$$

形成单体自由基的过程是放热反应，活化能较低，为 $21.0 \sim 33.5 kJ/mol$，其反应速率大。由于副反应消耗初级自由基，故单体不能全部形成单体自由基。有些单体也可利用热、光、辐射等能源直接产生单体自由基而引发聚合。

（2）链增长。新形成末端为自由基的活性链与单体分子发生一连串的加成反应，而进一步加成反应在链的末端又产生新的反应活性中心自由基，因此每一个单体分子是与活性链发生加成反应而使链不断增长，反应过程为

$$R\!-\!CH_2\!-\!\overset{·}{C}H+CH_2\!\!=\!\!C\!-\!H \longrightarrow R\!-\!CH_2\!-\!CH\!-\!CH_2\!-\!\overset{·}{C}H$$

$$\longrightarrow R\!-\!\!\left[\!CH_2\!-\!CH\!\right]_{\!n}\!\!-\!CH_2\!-\!\overset{·}{C}H \tag{3.4}$$

链增长反应有三个特征：①链增长反应是放热反应，聚合热约为 $84.0 kJ/mol$；②链增长反应活化能低，为 $21.0 \sim 33.5 kJ/mol$；③链增长速度极高，在 0.01s 到几秒内，可使聚合度达数千甚至数万。单体自由基一旦形成后，立即与其他单体发生加成反应，增长成活性链，终止成大分子。

（3）链终止。链终止反应是活性链失去反应活性中心自由基的反应。链终止反应的方式与单体的种类及聚合条件有关，一般链终止方式有以下两种。

①偶合终止。偶合终止是指两个活性链自由基相互作用形成共价键，生成没有活性的稳定大分子的反应。结果聚合物的聚合度为两个链自由基重复单元数之和。反应过程为

$$-\!CH_2\!-\!\overset{·}{C}H+\overset{·}{C}H\!-\!CH_2\!- \longrightarrow -\!CH_2\!-\!CH\!-\!CH\!-\!CH_2 \tag{3.5}$$

②歧化终止。歧化终止是指某链自由基夺取另一个自由基上的氢原子，发生歧化反应而相互终止的过程。其结果导致聚合物的聚合度与自由基活性链的重复单元相同，每个大分子只有一端连有一个引发剂残基。其中一个大分子的另一端为饱和键，另一个大分子的一端则为不饱和键。反应过程为

$$—CH_2—\overset{\cdot}{C}H + \overset{\cdot}{C}H—CH_2— \longrightarrow —CH_2—CH_2 + CH = CH_2 \qquad (3.6)$$
$$\quad\quad\quad | \quad\quad | \quad\quad\quad\quad\quad\quad\quad\quad\quad | \quad\quad |$$
$$\quad\quad\quad X \quad\quad X \quad\quad\quad\quad\quad\quad\quad\quad\quad X \quad\quad X$$

链终止和链增长是一对竞争反应,链终止反应所需的活化能为 8.4~16.8kJ/mol,比链增长的活化能 16.8~33.6kJ/mol 要低,显然链终止的反应速率要比链增长大得多。但是聚合体系中活性链的浓度很小,仅为 10^{-8}mol/dm^3,而单体浓度很大,为 1~10mol/dm^3,链增长的反应速率要比链终止反应速率大得多,因此仍可得到分子量很高的聚合物。

(4)链转移。通过链增长反应,活性链将其活性中心自由基转移到其他的分子,如单体、溶剂等,这样增长的活性链失去活性而成为高聚物,同时产生新的自由基。链转移的具体方式有两种:①向单体转移。原来的增长活性链因链转移提早终止,使聚合度降低。但形成新的活性链自由基,活性未减弱,聚合速率也并没有降低。②向溶剂或链转移剂转移。溶液聚合时,增长活性链自由基有可能向溶剂分子转移,也使分子量降低,聚合速率是否改变则要看新生自由基的活性如何。有时为了降低聚合物的分子量,特别加入链转移剂来调节分子量。制备高吸水性树脂时,常用的分子调节剂为卤代烃,如四氯化碳、1, 1, 2, 2-四氯乙烷,硫醇如十二硫醇和叔丁基硫醇等。

4. 引发剂

引发剂是指一类容易受热分解成(初级)自由基的化合物。在一般聚合温度为 40~100℃时,要求引发剂的离解能在 125.0~147.0kJ/mol。

(1)引发剂的种类。按引发剂的分解方式可分为热分解和氧化还原分解两大类;按引发剂的溶解性能可分为水溶性引发剂(如无机类的过硫酸盐、过氧化氢等)与油溶性引发剂(如有机类引发剂可溶于单体或有机溶剂中);还可以按照引发剂的使用温度分为高温、中温、低温和极低温等。

①热分解型引发剂。这类引发剂主要是偶氮化合物和过氧化合物两类,加热时这类引发剂可分解为初级自由基。热分解型引发剂的分解温度及其特点见表 3.2。

表 3.2　热分解型引发剂的分解温度及其特点[1]

名称	分解温度/℃	特点
过硫酸钾 (或过硫酸铵)	—	无机类引发剂 水溶性引发剂
过氧化氢	—	分解活化能高,水溶性,很少单独用
偶氮二异丁腈	30~300	分散弱,只形成一种自由基,无副反应;较稳定,分解速率低,低活性引发剂;有毒性,分解析出氮气
偶氮二异庚腈	40~300	高活性引发剂,引发速率高;其他特点与偶氮二异丁腈相同
过氧化二苯甲酰	50~100	低活性引发剂

名称	分解温度/℃	特点
过氧化二特丁基	100~200	低活性引发剂
过氧化十二酰	50~100	低活性引发剂
过氧化二碳酸二异丙酯	>200	高活性引发剂
过氧化二碳酸二环己酯	—	高活性引发剂
过氧化乙酰基环己烷磺酰	—	活性特别高，不对称引发剂
异丙苯过氧化氢	85~150	水溶性引发剂

②氧化还原引发体系。具有氧化性与还原性的两组分引发剂之间发生氧化还原反应产生自由基，从而引发单体聚合。例如，过氧类引发剂加入还原剂如二价铁盐、铬盐、汞盐、铜盐、钛盐、锰盐、抗坏血酸或硫代硫酸盐等，可构成氧化还原引发体系。通过氧化还原引发剂，可以大大降低分解活化能，在较低的温度下产生初级自由基，从而降低反应温度。常见氧化还原引发体系及其分解活化能见表 3.3。

表 3.3　常见氧化还原引发体系及其分解活化能

氧化剂	氧化剂分解活化能 /（kJ/mol）	氧化还原引发体系	分解活化能 /（kJ/mol）
过氧化氢	217.7	过氧化氢-Fe^{2+}	39.4
过硫酸盐	140.3	过硫酸盐-Fe^{2+}	50.7
异丙苯过氧化氢	125.6	异丙苯过氧化氢-Fe^{2+}	50.2

这类引发剂的特点表现在：一方面可以发生低温聚合，从而减少链转移反应，提高聚合物的规整性和结晶度能以及分子量；另一方面可使聚合反应在常温下进行，这不仅有利于操作，还能减少能耗。目前，高吸水性树脂的合成也越来越多地采用氧化还原引发体系进行聚合反应。氧化还原引发体系的引发剂也有不足之处，只能产生一个自由基，因此引发效率低。

在氧化还原引发体系中，还原剂的选择原则是：一般水溶性过氧类引发剂选用水溶性的还原剂，如亚铁盐类；油溶性引发剂一般选择油溶性的还原剂，如二甲基苯胺等；乳液聚合可选用油溶性的过氧化物引发剂和水溶性的还原剂。

（2）引发剂的分解速度。引发剂 I 分解为初级自由基（R·）如式（3.7）所示。引发剂 I 的分解反应按一级反应进行，半衰期 $t_{1/2}$ 和分解反应速率常数 k_d 关系如式（3.8）所示。

$$I \longrightarrow 2R \cdot \qquad\qquad (3.7)$$

$$t_{1/2} = \frac{\ln 2}{k_\mathrm{d}} = \frac{0.693}{k_\mathrm{d}} \tag{3.8}$$

一般合成高吸水性树脂进行聚合反应时应选用 $t_{1/2}$ 与聚合反应时间在同一数量级的引发剂，大致采用 $t_{1/2}$ 在 5～10h。引发剂引发单体聚合是合成高吸水性树脂的主要引发手段。烯类单体为原料制备高吸水性树脂时，也可采用热、光、辐射能等能源直接作用产生自由基，进行聚合反应而合成。

5. 阻聚剂/缓聚剂

阻聚剂是指能阻止聚合反应进行的物质，它容易与链自由基发生链转移反应，形成稳定的自由基，不能再引发单体，最后只能与其他活泼自由基双基终止。缓聚剂是能降低聚合反应速率的物质，它与链自由基发生链转移反应后形成的新自由基，比原活性链自由基的活性弱，从而以较慢的速率进行聚合反应，结果分子量和聚合速率均较低。阻聚剂主要分为自由基型和分子型阻聚剂。在高吸水性树脂原料的贮存及聚合中，多采用分子型阻聚剂。它包括芳香胺类、硝基苯类和苯醌类等。常用的阻聚剂见表 3.4。一般阻聚剂用量为 0.001%～0.1%时，可以达到阻聚效果。

表 3.4　常用的阻聚剂

类型	常见的阻聚剂
芳胺类	β-苯基萘胺
硝基化合物类	硝基苯；三硝基苯酚；多硝基苯；2,4-二硝基氯苯
苯醌类	对苯二酚；氢醌联苯三酚；邻苯二酚

对于具有—CHX 形式的自由基，在选择阻聚剂时，应注意：如果 X 为供电子基团时，自由基比较活泼，应优选二氯化铜、三氯化铁、铈盐及乙酸铬等亲电子物质作阻聚剂，其次选苯醌类、芳胺类等；如果 X 为吸电子基团时，阻聚剂应优先选酚类、胺类等供电子物质，其次选用醌类和芳硝类化合物。

在合成高吸水性树脂时，阻聚剂所起的作用是阻止单体聚合。作为合成高吸水性树脂的原料，烯类单体的贮存以及在运输过程中容易聚合，因此需要加入少量阻聚剂，防止单体聚合，便于贮存、运输；为使某些聚合反应提前终止，可加入少量阻聚剂；也有通过加入缓聚剂以降低聚合反应速率；某些高效阻聚剂如 $FeCl_3$，能按化学式计量 1∶1 迅速捕捉自由基，用它可以准确地测定引发速率和引发效率。

聚合反应时，须注意防止阻聚作用。常采取措施是通过提纯单体，除去原料中的阻聚剂杂质。由于氧有明显的阻聚作用，自由基会与氧加成，形成过氧自由基，可能发生双基终止，也可能与单体共聚，形成低聚物。因此，要排除聚合体系的氧，需在惰性气体的保护下进行聚合，还要避免采用碳钢制的反应器，以免铁离子杂质产生阻聚作用。

3.2.2 自由基共聚合反应

在合成高吸水性树脂中，自由基共聚反应较多，如丙烯酸与丙烯酸胺、淀粉、纤维素的接枝共聚等。这主要是由于共聚反应的产物具有多种类型的亲水基团，可以提高聚合物的性能。

1. 共聚合反应的特点

（1）均聚物和共聚物。凡一种单体参加的聚合反应称为均聚反应，所得的聚合物称为均聚物。两种或者两种以上单体在一起聚合，生成含有两种或者两种以上结构单元的聚合物为共聚物，该聚合反应称为共聚合反应。

（2）共聚物的特点。由于共聚物的大分子含有两种或多种结构单元，它的性能就取决于两种或多种单体单元的性质、相对数量及其排列方式。通过多种单体共聚合反应来改变高分子化合物的组成和结构，以达到改进高吸水性树脂性能的目的，从而合成出高吸水性能的吸水剂。

2. 共聚合反应的分类

两种单体单元组成的共聚物，按单体单元的排列方式可分四类。

（1）无规共聚物。分子链中两种单体链节 M 和 N 是无规则排列的。一般自由基聚合的合成吸水性树脂大都属于这一类，表示为

~~~~MNNNMMNNNNNNMNM~~~

（2）交替共聚物。分子链中两种单体链节 M 和 N 依次交替排列。例如，苯乙烯与顺酐共聚合成高吸水性树脂就属于这种类型，表示为

~~~~MNMNMNMNMNMNMN~~~

（3）嵌段共聚物。这类共聚物由长段 M 单体和长段 N 单体单元构成的链段连接而成。虽然每段中所含的单元数不等，但每段所含的 M 或 N 的数量非常大，可达几十或几百以上，表示为

~~~~MMM… MMNNN…MMM…N~~~

例如，乙酸乙烯酯与丙烯酸酯共聚得到的嵌段共聚物经水解，可以得到性能非常好的吸水性树脂。

（4）接枝共聚物。这是以一种单体单元 M 构成长链作为大分子主链，而以另一种单体单元 N 的链段作为支链，形成接枝共聚物的反应。例如，淀粉接枝丙烯

酸、纤维素接枝丙烯酸等，许多高吸水性树脂都属于这一类，表示为

$$
\begin{array}{c}
\sim\sim\text{MMMMM}\cdots\text{MMMMMM}\cdots\text{MMMMM}\sim\sim \\
\mid \qquad\qquad\qquad\mid \\
\text{NNN}\cdots\text{N}\sim\sim\text{NNN}\cdots\text{N}\sim
\end{array}
$$

3. 共聚合反应机理

与均聚合反应类似，共聚合反应也分为三步基元反应，即链引发、链增长以及链终止。对于二元单体的自由基共聚合反应机理如下。

（1）链引发：

$$
\left.
\begin{array}{l}
\text{I} \longrightarrow 2\text{R}\cdot \\
\text{R}\cdot + \text{M} \longrightarrow \text{M}\cdot \\
\text{R}\cdot + \text{N} \longrightarrow \text{N}\cdot
\end{array}
\right\} \tag{3.9}
$$

（2）链增长：

$$
\left.
\begin{array}{l}
\sim\sim \text{M}\cdot + \text{M} \xrightarrow{k_1} \sim\sim \text{MM}\cdot \\
\sim\sim \text{M}\cdot + \text{N} \xrightarrow{k_2} \sim\sim \text{MN}\cdot \\
\sim\sim \text{N}\cdot + \text{M} \xrightarrow{k_3} \sim\sim \text{NM}\cdot \\
\sim\sim \text{N}\cdot + \text{N} \xrightarrow{k_4} \sim\sim \text{NN}\cdot
\end{array}
\right\} \tag{3.10}
$$

式中，k_1、k_2、k_3 和 k_4 分别为速率常数。

（3）链终止：

$$
\left.
\begin{array}{l}
\sim\sim \text{M}\cdot + \sim\sim \text{M}\cdot \longrightarrow 大分子 \\
\sim\sim \text{M}\cdot + \sim\sim \text{N}\cdot \longrightarrow 大分子 \\
\sim\sim \text{N}\cdot + \sim\sim \text{N}\cdot \longrightarrow 大分子
\end{array}
\right\} \tag{3.11}
$$

4. 共聚物的组成方程式及组成分布

1）共聚物的组成方程式

在二元单体自由基共聚反应中，单体将随着增长反应的进行而消失，因此所生成的共聚体的组成取决于链增长反应中四个基元反应之间的竞争。根据式（3.10），单体 M 和 N 的消耗速率分别表示为

$$
-\frac{\text{d}[\text{N}]}{\text{d}t} = k_2[\text{M}\cdot][\text{N}] + k_4[\text{N}\cdot][\text{N}] \tag{3.12}
$$

$$
-\frac{\text{d}[\text{M}]}{\text{d}t} = k_1[\text{M}\cdot][\text{M}] + k_2[\text{N}\cdot][\text{M}] \tag{3.13}
$$

式（3.12）与式（3.13）相除，得

$$\frac{d[M]}{d[N]} = \frac{k_1[M\cdot][M] + k_3[N\cdot][M]}{k_2[M\cdot][N] + k_4[N\cdot][N]} \tag{3.14}$$

在稳定态时，[M·]及[N·]保持不变，即从~~ M·变成~~ N·和从~~ N·变成~~ M·的速率相等。

即

$$k_2[M\cdot][N] = k_3[N\cdot][M] \tag{3.15}$$

将式（3.15）代入式（3.14）中，令 M、N 的竞聚率 r_1、r_2 分别为

$$r_1 = k_1/k_2 , \quad r_2 = k_4/k_3 \tag{3.16}$$

整理后得

$$\frac{d[M]}{d[N]} = \frac{[M]}{[N]} \cdot \frac{r_1[M]/[N]+1}{[M]/[N]+r_2} \tag{3.17}$$

式（3.17）是在某一个短时间间隔 dt 内，体系中的单体组成比和生成共聚物组成比之间的关系。如果两种单体及两种共聚物单元组成都用相对浓度表示，则微分方程为

$$F_1 = 2\frac{r_1 f_1^2 + f_1 f_2}{r_1 f_1 + 2f_1 f_2 + r_2 f_2^2} = 1 - F_2 \tag{3.18}$$

式中，f_1、f_2 分别表示两种单体在某瞬时间的相对浓度，且 $f_1 = 1 - f_2$；F_1、F_2 分别表示共聚物中两种单元在某瞬时间的相对浓度。如果已知 r_1 和 r_2，从加入单体的组成就可以预测反应初期生成共聚物的组成。同时，r_1 和 r_2 的大小可以估计能否共聚和共聚倾向的大小。而竞聚率可以从手册中查到，也可以进行测定。

2）共聚物的组成分布

共聚物组成方程式（3.17）指瞬时间共聚物的组成。由于两种单体的竞聚率和起始投料比不同，随着反应进行，总转化率加大时，F_1 及 f_1 不断变化，最后所得的共聚物是各种组分的高分子共混物，即共聚物有一个组分分布，其最终为各种分子链组分的平均值。共聚物组成分布影响共聚物的性能，故生产中必须严格控制共聚物的平均组成，以制备组分分布较均一、性能较好的共聚物。一般可采取控制方法有：①通过调节起始单体配料比的一次投料法，控制转化率在一定程度以下，即终止反应；②通过连续补加活性高的单体的方法，保持单体配比一定。通过这两种控制方法在制备高吸水性树脂的自由基聚合反应中均有采用。

3.3 高吸水性树脂制备方法的分类

3.3.1 按分散介质分类

1. 本体聚合法

在无溶剂的条件下，反应原料本身发生的聚合反应称为本体聚合法，由于该方法不易控制、易爆聚，从而出现危险，且固体产物不易出料等原因，目前基本不予采用。

2. 溶液聚合法

溶液聚合法是指反应原料溶于适当溶剂中聚合而发生的反应。该方法的优点是溶液聚合体系黏度较低，混合与传热很容易，混合配比方便控制，传导加热均匀；引发剂均匀分散在溶液中，不易被聚合物包裹，可以得到较高的引发效率；反应所得产物的分子量适中，可加工成粉末状、纤维状、薄膜状等多种形式。但是，溶液聚合法也存在一些问题，如反应速率慢，转化率较低，一般需要加热数十小时才能聚合；产物为凝胶状，出料处理不方便，需要干燥，增加了工艺成本。

3. 反相悬浮聚合法

反相悬浮聚合法是指水溶性单体在以油相溶剂为分散介质中，添加适量悬浮剂，并在剧烈搅拌作用下，分散形成悬浮状的水相液滴，引发剂等其他添加剂与水溶性单体存在于水相液滴中而进行的聚合方法。反相悬浮的聚合过程稳定，亲水性产物在油相溶剂中避免其吸收大量的水，不易形成块状凝胶，处理方便。

4. 反相乳液聚合法

反相乳液聚合法是指反应原料在有机相介质中，加入乳化剂，在剧烈搅拌或振荡下分散形成乳液状态来进行聚合反应的合成方法。这种方法制得的产物颗粒小，比表面积大，具有较高的吸水速率，但颗粒粒径过小，在吸水初始阶段吸水较慢，这是因为出现"面团现象"，导致吸水速率下降[3]。

3.3.2 按反应方式分类

1. 接枝共聚

接枝共聚主要包括淀粉接枝与纤维素接枝两类[4]。以淀粉为原料的合成方法主要有溶液聚合法和反相悬浮聚合法，都是通过自由基引发聚合，将乙烯基单体接枝到淀粉上。主要产品有淀粉接枝丙烯腈、淀粉接枝丙烯酸或丙烯酸盐、淀粉接枝丙烯酸酯或丙烯酰胺等,反应以化学引发为主,也可以采用辐射引发或光引发来接枝。因为淀粉可自然降解,对环境无污染,且来源丰富,价格低廉,所制产品吸水率高,所以淀粉接枝高吸水性树脂在成本控制和后期降解等方面具有优势。纤维素接枝共聚与淀粉接枝共聚类似,一般在硝酸铈盐引发下进行接枝共聚,纤维素可与丙烯腈、丙烯酰胺、丙烯酸等单体接枝共聚。纤维素接枝产物的吸水率没有其他种类高,且容易受微生物作用而降解,导致失去吸水保水性能,但其原料来源广,产物耐盐性好,易调节,具有重要的环保意义和经济价值。

2. 交联合成

交联合成主要包括聚丙烯酸系、聚丙烯腈系、改性聚乙烯醇和聚丙烯酰胺体系等。合成方法有溶液聚合、乳液聚合、反相悬浮聚合和反相乳液聚合等。这类产品吸水率一般较高,能达到自身重量的上千倍,缺点是成本较高,生物降解性差。

3.3.3 按反应引发方式分类

1. 传导加热聚合

从反应体系外部将热能传导入体系内激活引发剂发生聚合反应,并维持聚合反应所需的温度,目前高吸水性树脂的合成主要采用传导加热聚合。但在大规模生产时,外部热源很难控制,因为该聚合反应为放热反应,会出现受热不匀、传热不良或局部过热等问题,所以会导致反应效率降低或发生爆聚而产生危险。

2. 高能电离辐射聚合

高能电离辐射聚合是单体在高能电离辐射作用下产生初级活性粒子引发的聚合反应。这种方法具有以下特点:引发活化能反应较温和,对温度无特殊要求,在低温下反应也能发生;不用额外加入其他引发剂和助剂,得到产物会更纯净;电离辐射穿透力强,分布均匀,可以通过调剂辐射剂量和强度来控制反应的速率和程度,产率相对较高。但是,高能电离辐射源受空间限制,且一次性投资较大,大规模工业生产难度较大。

3. 微波辐射聚合

微波辐射聚合是指在微波辐射下引发聚合反应,它与传导加热引发方式相比,具有独特的优势。微波辐射穿透能力强,在微波场内物质内部分子之间碰撞、挤压和摩擦,产生了深层、快速和均匀的加热效果,这种加热是"内加热",其加热速度快,无滞后效应[5]。

4. 其他引发聚合方式

高吸水性树脂的制备除上述几种引发方式外,还有紫外光引发和等离子引发。紫外光引发需要光引发剂,其反应时间短,副产物少,但有一定局限性,反应体系需要一定的透光性,使紫外光能进入体系内部等离子引发对外部设备条件要求过高,应用也较少。

3.4 高吸水性树脂的制备方法

3.4.1 均相体系法和非均相体系法

实施合成高吸水性树脂的聚合反应的方法有两大类:均相体系法和非均相体系法。

1. 均相体系法

均相体系法是指反应物及其介质是均相体系,包括气相法、液相法和固相法。均相体系法从产物上分为两种情况:①完全均相聚合反应。产物与原料及反应介质都互溶成一相,均相聚合反应比较多,如丙烯酸、丙烯酸酯以及苯乙烯等的聚合都采用此法。②不完全均相聚合反应。产物与原料及反应介质不是一个相,互不相溶,这种情况为不完全均相聚合反应,如沉淀聚合。

2. 非均相体系法

非均相体系法是指反应物及其介质不是均相,而是两相或多相体系。非均相体系有气-液体系、气-固体系、液-液体系、液-固体系、固-固体系以及多相体系等。这类非均相体系的聚合反应以液-液体系、液-固体系最多,如悬浮聚合、乳液聚合是常见的方法。

目前,高吸水性树脂的合成所采用的原料以液体和固体为主,其反应类型多为自由基聚合反应。产物以粉末状、膜状、片状、纤维状的固体为主,因此其制备方法以液-气体系、液-液体系和液-固体系为主。具体制备方法的选择取决于反应物的性质、反应的类型以及制取产物的用途。

3.4.2 液相均相体系的合成方法

液相均相体系的合成方法是反应物及反应介质(包括溶剂、引发剂、催化剂和分子量调节剂等)互相溶解为均一液相的合成方法。该方法按反应介质和反应条件的不同可分为本体聚合法和溶液聚合法两种。液相均相体系的合成方法在吸水性树脂的制备中应用较多[6]。

1. 本体聚合法

（1）本体聚合法及其类型。本体聚合法是指不加其他介质，只有反应物本身在引发剂、催化剂、光、热以及辐射等作用下进行的聚合方法。不同类型的聚合反应如自由基型聚合反应、离子型聚合反应、缩聚反应等都可以使用本体聚合法；不同聚集相如气相、液相、固相的单体匀可按本体聚合法进行。制备高吸水性树脂所用的单体大多数是液体，少数是固体和气体。因此，在合成高吸水性树脂中液相均相本体聚合法尤为重要。例如，丙烯酸、丙烯酸酯、丙烯腈的聚合，乙酸乙烯酯与丙烯酸酯、苯乙烯与丙烯酸酯的共聚合等均可按液相均相本体聚合法进行。由于气相和固相均相本体聚合法应用较少，对其不作描述。

（2）本体聚合法的特点。由于本体聚合中不加其他介质，只要聚合反应完全，或完全除去未反应的单体，得到的产物纯度高，可以制得高纯度的高吸水性树脂。本体聚合工序简单、工艺流程短、设备少、生产快速、成本低。因此，它是制备高吸水性树脂最简单的一种方法，且能满足产品成型要求。本体聚合法根据成型的要求可将产品制成薄板状、膜状、片状、粒状及粉末状等，能满足高吸水性树脂不同制品的要求。

（3）本体聚合的放热和散热问题。制备高吸水性树脂所采用的单体多为亲水性烯类，其聚合热相当大，常见烯类单体的聚合热见表 3.5。由于无散热介质，随着反应进行，转化率增高或者分子量增大，体系黏度增加，都会导致反应热难以散发出去，再加上凝胶效应，易造成局部过热，使分子量分布变宽，影响产物的各种性能，甚至使产品变色，严重时可能会发生爆聚。因此，实施本体聚合法的关键是反应散热问题。在制备高吸水性树脂时，有些单体发生聚合的过程会强烈放热。为了简化工艺过程，提高产品纯度，在本体聚合时，解决放热和散热问题采取的措施有：①保持较低的反应温度、较低的引发剂或催化剂浓度；②设计有利于传热的聚合设备；③采用紫外光或辐射聚合，使反应温度降低，减少反应热的生成；④将聚合过程分段进行，以便控制转化率，使放热比较均匀；⑤当反应进行到较低的转化率时，分离出高聚物。

表 3.5　常见烯类单体的聚合热（25℃）

单体	聚合热/（kJ/mol）	单体	聚合热/（kJ/mol）
乙烯	95.34	丙烯酰胺	82.32
苯乙烯	70.14	丙烯腈	72.66
氯乙烯	92.40	丙烯酸甲酯	78.96
乙酸乙烯酯	89.46	甲基丙烯酸	66.36
丙烯酸	67.20	甲基丙烯酸甲酯	54.60

（4）出料问题。由于本体聚合法不加其他介质，发生聚合反应后，所得产物的黏度很高，如果温度稍低，可能成为固体，大多数聚合反应温度下，产物会变成黏稠状或固体。因此，采用一般带有搅拌的聚合釜进行聚合，反应产物往往不容易出料。由于聚合反应中散热和出料这两方面突出性的问题，本体聚合法的应用受到限制。

（5）实施本体聚合法应注意的问题是单体的聚合热。在制备高吸水性树脂时，一般应尽量选择聚合热较小的单体进行本体聚合，这样可以立即减少散热困难，防止发生爆聚。单体与高聚物的互溶问题表现在，当高聚物溶解于单体时，易于实施本体聚合。如果自由基的活性较低，均相聚合反应则较慢，因此自由基活性较小的单体宜于实施本体聚合。表 3.6 为一些单体的自由基活性。由于缩聚反应按逐步聚合的机理进行，体系黏度较低，散热容易，因此熔融本体聚合可以在带搅拌的聚合釜中进行。

表 3.6　一些单体的自由基活性（60℃）

单体	k_1	规律性
乙酸乙烯酯	2024	
甲基丙烯酸	1260	
丙烯腈	425	依
甲基丙烯酸甲酯	575	次
甲基丙烯腈	190	降
乙烯	178	低
丁二烯	105	↓
异戊二烯	50	

注：k_1 代表链增长中 ~~ M·+M $\xrightarrow{k_1}$ ~~ MM·反应的速率常数，用其表示单体的自由基活性。

2. 溶液聚合法

溶液聚合法是将反应物和各种添加剂溶于适当的溶剂中，加入引发剂，在加热、光照或辐射等条件下而进行聚合反应的方法。

（1）溶液聚合法的类型。溶液有气态、液态及固态溶液之分，聚合反应以液态溶液聚合为主。自由基聚合、离子型聚合、缩聚等均可用溶液聚合法。对于产物来说，有均相溶液聚合和非均相溶液聚合两种类型。①均相溶液聚合指溶剂能溶解单体、添加剂和聚合物，即得到的反应产物为高聚物溶液，再通过进一步交联可以得到交联聚合物。这种方法可制备膜状、粉末状等吸水性产品。例如，先将丙烯酸溶于水，再加入水溶性引发剂如过硫酸铵等，在聚合釜加热到一定温度时进行聚合，可得聚丙烯酸水溶液，最后，加入交联剂如 *N,N*-二甲基双丙烯酰胺

或 Ca^{2+}、Mg^{2+}等进行交联，可制得交联性的聚丙烯酸类高吸水性树脂。②非均相溶液聚合指溶剂能溶解单体添加剂，但不能溶解聚合物，生成的吸水性树脂成细小的悬浮体析出，也称为沉淀聚合。

（2）溶液聚合法的特点。①引发效率高。在溶液聚合中，引发剂或催化剂及其他添加剂容易分散均匀，不容易被生成的聚合物包裹住，因此引发效率高。②散热好。溶液聚合法温度容易控制，传热比较容易，不易产生局部过热，散热效果好。③分子量均匀。溶液聚合体系黏度较低，聚合单体与引发剂等容易混合，形成聚合物的分子量比较均匀。④易成型产品。溶液聚合法可以制成粉末状、膜状、纤维状等多种形式的产品，产品易成型。

（3）溶液聚合法存在的主要问题。①聚合物的分子量较低。在溶液中单体浓度较低，活性链向溶剂转移，使聚合物的分子量较低。②设备利用率和生产能力较低。由于在溶液中单体浓度较低，聚合速度较慢，则设备利用率和生产能力较低。③溶剂不易去除。溶剂渗透在聚合物中，难以去除干净。④微量的溶剂可能会影响到聚合物的性能。⑤溶剂处理使成本较高。由于溶剂的存在，须采用回收装置。因此，溶剂的分离、回收及操作中溶剂的损失，都会使成本提高。

（4）实施溶液聚合法应注意的问题。溶液聚合法有自由基聚合、离子型聚合以及缩聚等，因各自的反应机理不同，选择溶剂时有不同的要求。以自由基溶液聚合法为例：①溶液的活性。一方面，如果链自由基和溶剂之间发生链转移反应，会使聚合物的分子量降低，同时对反应速率也有影响；另一方面，溶剂对引发剂起诱导分解的作用，会使引发速度提高同时降低引发效率，使聚合速率加快，同时影响聚合物的分子量。②溶剂对聚合物的凝胶效应和溶解性能的影响。选择优良的溶剂，提高聚合体系的相溶性，可能消除凝胶效应；如果选择不良的溶剂，如用沉淀剂时，反应将成为沉淀，聚合凝胶效应很显著，反应会自动加速，从而使聚合物的分子量增大。

溶液聚合法对溶剂的选择要求有：①溶剂对反应物溶解性良好，以保证反应物体系为均相；②溶剂对反应物、生成物及各种添加剂是惰性的，以保证溶剂不与反应体系中任何物质发生反应；③溶剂能及时带走反应体系的热量；④溶剂来源广泛，无毒，价格低廉。

（5）溶液聚合法的后处理工序。溶液聚合法得到的产物是混合液，必须经过以下方法以纯化产品：①溶剂处理。从聚合体系中分离出的溶剂可以重复使用，如果其中杂质较多，则需精制提纯后对溶剂再回收利用。②产品处理。聚合产物经溶剂分离，洗涤并干燥。粉状产品还需经过粉碎和筛分等处理工序。

3.4.3　非均相体系的合成方法

非均相体系的合成方法是指反应物与反应介质如溶剂或分散介质，各种添加剂如表面活性剂、引发剂、催化剂、分子量调节剂等互不相溶，形成两相或多相的非均相体系合成方法。对于合成吸水性树脂来说，非均相体系有液-液体系、液-固体系及液-液-固体系等。非均相体系的合成方法可分为悬浮聚合法、反相悬浮聚合法、乳液聚合法、反相乳液聚合法、悬乳聚合法和反相悬乳聚合法等几种类型。

1. 悬浮聚合法

在悬浮聚合法中，借助机械搅拌或剧烈振荡、悬浮剂或分散剂的作用，使单体呈液滴状分散于悬浮介质中，如常用水作悬浮介质，这种聚合反应为悬浮聚合法。

（1）悬浮聚合体系的组成。在悬浮聚合体系中，单体应不溶于水，形成的聚合物也不溶于水。采用的引发剂须易溶于单体而难溶于水，一般采用油溶性引发剂。这样，聚合时为防止液滴相互黏结，需在聚合体系中加入悬浮剂或分散剂等。因此，悬浮聚合体系一般由单体、油溶性引发剂、水以及分散剂等组成。

（2）悬浮聚合的机理。悬浮聚合的机理与本体聚合相似。对悬浮粒子来说，悬浮聚合又分为均相聚合和沉淀聚合两种类型。均相聚合中的产物粒子呈透明珠状，而沉淀聚合的产物粒子则呈不透明的粉末状。聚合体系中悬浮粒子的大小由分散剂的性质、用量及搅拌情况而定，一般悬浮粒子的直径为 0.01～5mm。悬浮聚合体系中存在两相，即单体液滴与水的液-液两相，经聚合反应后形成悬浮粒子和水的固-液两相；如果分散剂为不溶于水的无机粉末，有时还存在液滴、水和分散剂的液-液-固三相，经聚合反应后，形成悬浮粒子、水和分散剂的固-液-固三相。因此，单体液滴均匀分散于水中，并始终保持稳定的分散状态是悬浮聚合能否进行的关键。

（3）悬浮聚合中分散剂及其作用。在悬浮聚合体系中，单体和水为两相，将单体分散均匀进行强烈搅拌时，在剪切力的作用下，单体液层被分散成液滴，大液滴受力变成小液滴。由于表面张力的作用，液滴成微球状，这种微球也有聚集在一块形成较大液滴的趋势。在一定的搅拌强度和表面张力作用下，大小不同的液滴，在分散和聚集之间构成一定的动态平衡，最终达到一定的平均粒度。当聚合的转化率达到 20%～70%时，液滴变得具有很大黏性，此时，液滴之间互相碰撞，容易黏结，不易分散开，很快黏结成大块状，此时为发黏阶段，也称为聚合危险期。而当聚合的转化率达到 70%以上时，液滴会转化成固体颗粒，存在黏结成块状的危险。因此，在进行悬浮聚合时，为了使聚合反应度过危险期以得到符合要求的球状聚合物，需要在悬浮聚合体系中加入分散剂或悬浮剂。

（4）分散剂的类型。在悬浮聚合体系中，有主分散剂和辅助分散剂之分。主分散剂为水溶性有机高分子物质和不溶于水的无机粉末；辅助分散剂通常是一些表面活性剂。

①水溶性有机高分子物质。这一类主分散剂的作用机理主要表现在：一方面，水溶性有机高分子物质吸附在新形成的液滴表面，形成一层保护膜，起到保护胶体粒子的作用；另一方面，水溶性有机高分子物质的加入可以增加介质的黏度，以阻碍液滴之间的相互黏合。另外，一些有机高分子物质如明胶、聚乙烯醇的水溶液，还能降液体的界面张力，使形成的液滴更小，体系更为稳定。常用的这类分散剂有：合成高分子物质，如聚丙烯酸盐、聚甲基丙烯酸盐、马来酸酐-苯乙烯共聚物的盐类及部分水解的聚乙烯醇及其衍生物等；半合成的纤维素衍生物，如甲基纤维素；天然高分子化合物，如蛋白质、淀粉、明胶和藻酸盐等。

②不溶于水的无机粉末。这一类主分散剂的作用机理是无机物的细粉末吸附在液滴的表面，起到机械隔离的作用。在选择这类分散剂并确定其用量时，应考虑三方面因素：一是吸水性树脂的种类；二是聚合物颗粒的大小和形状；三是树脂的透明性要求等。

③辅助分散剂。此类常是一些少量的表面活性剂，如十二烷基硫酸钠和十二烷基磺酸钠等。一般主分散剂的用量约为0.1%，辅助分散剂的用量为0.01%左右。

（5）影响聚合物颗粒大小与形态的因素。①搅拌作用。聚合物颗粒的大小与形态主要由搅拌的强度和大小所决定。搅拌强度越大，聚合物颗粒越细；搅拌机转速过低，会使聚合物结块，影响反应的进行。②单体与水之比。单体与水的比例也会影响到聚合物颗粒的大小和粒径分布。一般单体与水质量之比为1∶3。如果水量过多，则粒子变细，粒径分布变窄；而水量少时，聚合体系容易结块或粒子会变粗。③单体及引发剂或催化剂的种类与用量，其他添加剂的作用，还有聚合速度等各种因素对聚合物颗粒的大小与形态都有较大的影响。

（6）悬浮聚合的特点。悬浮聚合的优点包括悬浮聚合体系黏度低，聚合热容易排除，操作控制比较方便；聚合物分子量均匀，且分子量较高，比较稳定，产品纯度较高。但该方法得到的产品带有少量分散剂残留物杂质。

2. 反相悬浮聚合法

反相悬浮聚合法在制备高吸水性树脂中是一种比较重要的方法。

（1）反相悬浮聚合法与悬浮聚合法的比较见表3.7。在悬浮聚合法中，以水为分散介质，单体不溶于水而作为液滴在油相中，引发剂或催化剂溶解在单体的油相里进行聚合反应；与之相反，反相悬浮聚合法则以油类为分散介质，单体是水溶性的，为水相液滴，引发剂或催化剂溶解在单体的水相中发生聚合反应。因此，反相悬浮聚合法与悬浮聚合法最为突出的不同之点在于，反相悬浮聚合法中单体是水溶性的，引发剂或催化剂也是水溶性的。

表 3.7　反相悬浮聚合法与悬浮聚合法的比较

组分	反相悬浮聚合法	悬浮聚合法
分散介质	油相	水相
单体	水相	油相
引发剂	水相	油相

（2）反相悬浮聚合法存在的问题。反相悬浮聚合法在进行后处理时，产物中除了要除去低分子量的化合物以外，还要除去其中带有的溶剂。因此，在产品处理工序中，不仅要回收低分子量的化合物，还要回收大量的溶剂。尽管如此，制备高吸水性树脂所采用的原料单体均为亲水性或水溶性的，因此反相悬浮聚合法作为一种独特的聚合方法是制备高吸水性树脂的重要方法之一。

3. 乳液聚合法

乳液聚合法是制备粉末状吸水性树脂最重要的一种方法。

（1）乳液聚合体系的组成。乳液聚合是指油性单体在水介质中借助乳化剂的作用，并在强烈搅拌或剧烈振荡下分散成乳液状态所发生的聚合反应。乳液聚合体系至少由单体、水、水溶性引发剂和乳化剂等组成。有时根据聚合反应的要求，可能还需要加入分子量调节剂等其他添加剂。

（2）乳液聚合法的主要特点。与悬浮聚合法（悬浮聚合粒子直径为 $50\sim200\mu m$）相比，乳液聚合法的粒子要小得多，其粒子直径只有 $0.05\sim0.15\mu m$；其聚合速率和分子量同时提高；该聚合法最终的产物可以是乳液状，也可以通过破乳制成微粒状粉末。因此，乳液聚合法是制备粉末状树脂的最重要的方法之一。

（3）乳液聚合中的乳化作用。不溶于水的油性单体，在水中经强烈搅拌，油形成球状液滴分散在水中。在适当强度的搅拌和界面张力作用下，油被分散成一定大小的油滴，但搅拌一旦停止，油和水又重新聚集分层。如果加入表面活性剂，则油滴分散在水中能形成相当稳定的乳状液，这种能形成稳定乳状液的作用为乳化作用，能促使油水成为稳定乳状液的物质称为乳化剂。

（4）乳化作用与增溶作用。

①乳化剂分子结构特点。常用的乳化剂是一类能显著降低界面张力的表面活性剂，在其分子结构中同时含有亲水性基团和疏水性基团。例如，硬脂肪酸钠盐 $C_{17}H_{35}COONa$，—$C_{17}H_{35}$ 是疏水性基团，—$COONa$ 是亲水性基团。

②胶束和临界胶束浓度（critical micelle concentration，CMC）。当乳化剂浓度较低时，乳化剂能以分子状态溶解于水中。当乳化剂浓度增大到一定程度时，其疏水性基团伸向气相，亲水性基团伸入水相，在水溶液表面形成一层定向排列的单分子吸附层。当浓度再增大，$50\sim100$ 个的乳化剂分子便将亲水性基团伸向水相，

而将疏水性基团聚集起来形成亲油性的内核，这种聚集体称为胶束。胶束可以是球体，其直径大约为 $5 \times 10^{-9} m$，也可以是棒状。形成胶束时乳化剂的最低浓度称为临界胶束浓度，是乳化剂性质特征参数。CMC 较低时，只需少量乳化剂就可形成一定数量的胶束。即相同数量的乳化剂，其 CMC 越低，形成的胶束越多，乳化效率也越高。

③增溶作用。在乳化剂水溶液中加入单体时，除了极少量单体以分子状态溶于水中，还可以较多量溶解于亲油的胶束内部。这是因为油溶性单体与胶束亲油性的内核相似相溶的原理。但是，这种溶解与分子分散的真正溶解的性质有所不同，这是一种增溶作用。实验发现，胶束中增溶单体后，胶束的直径从原来的 $(4\sim5) \times 10^{-9} m$ 增大到 $(6\sim10) \times 10^{-9} m$，这是对增溶作用的一个实验证明。

④乳液的稳定性。在乳液中，更多的单体经搅拌后分散成细小的液滴，液滴四周吸附了一层乳化剂分子，其极性基团指向水相，而非极性的烃基末端吸附在液滴表面，形成带电保护层，因此乳液非常稳定，放置很长时间也不会分层。乳化剂是能显著降低界面张力的物质。因此，在乳液中液滴直径很小，比悬浮聚合液滴小得多，但是比增溶胶束却要大百倍。表 3.8 列出了不同聚集体系粒子的液滴直径作以比较。

表 3.8 不同聚集体系粒子的液滴直径

粒子	液滴直径/μm
增溶胶束	0.006~0.01
乳液中液滴直径	0.05~0.15
悬浮聚合液滴	10~5000

（5）乳化剂的种类。乳化剂属于表面活性剂一类，其分子中，既含有非极性基团，还有极性基团，表现出的作用有：乳化剂能降低表面张力，有利于油性单体分散成细小的液滴；乳化剂能在油性液滴表面形成保护膜，使乳液更稳定；乳化剂同时具有增溶作用，能使一部分单体溶于胶束内部。

根据极性基团的性质不同，可将乳化剂分为阴离子型、阳离子型、两性和非离子型乳化剂等类型。①阴离子型乳化剂是常见的一类乳化剂，其极性基团是阴离子基团，如—COONa、—SO$_4$Na、—OSO$_3$Na 等；非极性基团为直链烷基、低碳烷基和苯基或萘基的结合基团等，如皂类脂肪酸钠 RCOONa（R：C$_{11}\sim$C$_{17}$）、十二烷基硫酸钠 C$_{12}$H$_{25}$SO$_4$Na、烷基磺酸钠 ROSO$_3$Na（R：C$_{12}\sim$C$_{16}$）、烷基芳基磺酸钠（如二丁基萘磺酸钠(C$_4$H$_9$)C$_{10}$H$_5$OSO$_3$Na）等。这类乳化剂在碱性溶液中稳定，因此在乳液聚合体系的配方中，常常加入 pH 调节剂，如 Na$_3$PO$_4 \cdot$12H$_2$O，以保证溶液 pH 为 9~11。在这类乳化剂中，尤其脂肪酸盐遇酸、金属盐、硬水时，会形成不溶于水的脂肪酸或金属皂,从而使乳化剂失效。利用乳化剂的这一特点,可以在聚合反应结束后加入酸类物质以破坏乳液的稳定性性结构。②阳离子型乳化剂常见的是脂肪胺类的盐,这类乳化剂对酸、硬水都很稳定,但对强碱不稳定。③非离子型乳化剂在水溶液中不解离,仅作为辅助乳化剂,对乳液起稳定作用。典型的代表是聚氧乙烯醚类,如 $RO(C_2H_4)_nOH$、$RC_6H_4(OC_2H_4)_nOH$ 等,其中 R 为 $C_{10}\sim C_{16}$,n 为 4~30。这类乳化剂由于具有非离子特性,对 pH 变化不敏感,在微酸性介质中较稳定。为了衡量表面活性剂的亲水基和亲油基对其性质的贡献,Griffin 提出了亲水亲油平衡(hydrophilic lipophilic balance,HLB)值,HLB 值范围不同,用途也不相同,表面活性剂的 HLB 值及其应用如表 3.9 所示[7]。

表 3.9　表面活性剂的 HLB 值及其应用

HLB 值范围	应用
3~6	油包水(W/O)型乳化剂
7~9	润湿剂
8~18	水包油(O/W)型乳化剂
13~15	洗涤剂
15~18	增溶剂

乳液聚合中乳化剂一般属于水包油(O/W)型乳化剂,其 HLB 值范围在 8~18。例如,油酸钠 HLB 值为 18,烷基芳基磺酸盐 HLB 值为 12,聚氧乙烯月桂醚。而反相乳液聚合中乳化剂一般属于油包水(W/O)型乳化剂,故其 HLB 值范围在 3~6。

(6)乳液聚合的作用原理。乳液聚合体系中存在三相,即单体油相、水相分散介质和乳化剂的胶束相,其组成如表 3.10 所示。

表 3.10　乳液聚合多相体系的组成

相	组成
油相	单体,为乳化的单体液滴形式
水相	分散介质,溶解了少量单体、乳化剂及水溶性引发剂
胶束相	以乳化剂为主,为增溶了单体的胶束

在乳液聚合体系中,虽然胶束的总体积比单体液滴小,但粒子数多,比表面积很大,因此是发生聚合反应的主要场所,链引发、链增长、链终止都是在胶束中完成的。在发生乳液聚合时,水溶性引发剂在水中分解成初级自由基之后,迅速扩散到增溶胶束的内部,使其中的单体引发和链增长直到链终止。链增长使胶束中单体消耗,液滴中单体不断通过水相向胶束内扩散补充。随着反应的进行,

胶束体积增大，成为含有高聚物的增溶胶束。粒子体积增大以后，原有胶束上的乳化剂不足以保持其乳胶状态，即由其他胶束和体积逐渐缩小的单体液滴表面上的乳化剂分子来补充，反应继续在单体和高聚物乳胶粒中进行。

实践证明，对水溶解度小的单体乳液聚合的聚合速度和聚合度都与乳胶粒成正比。当转化率达成 20% 时，胶束即行消失；当转化率达到 20%~60% 时，乳胶粒数不变，聚合速度几乎不变，只是颗粒体积不断增大；当转化率到 60% 时，单体液滴消失，则乳胶粒中单体浓度逐渐下降，聚合速度也逐渐下降，反应结束后得到聚合物乳胶粒平均直径可达 $(50\sim150)\times10^{-9}$m。由此可见，乳化剂用量及其种类（与其 CMC 大小有关）的选择非常重要。

4. 反相乳液聚合法

反相乳液聚合法与乳液聚合法相反，是指水溶性反应物如单体在油性介质中借乳化剂的作用，并经强烈搅拌或剧烈振荡，从而分散成乳液状态而进行的化学合成法[8]。

反相乳液聚合法与乳液聚合法的不同之处在于：①单体与分散介质。在反相乳液聚合法中，单体是亲水性或水溶性物质，即水性单体分散在油性介质中。反应中水相单体成乳胶粒，因此是油包水型乳液体系。②乳化剂。采用油包水型乳化剂，其 HLB 值范围为 3~6。③引发剂。采用油溶性的引发剂，如偶氮二异丁腈、过氧化二苯甲酰、异丙过氧化氢等。其反应机理与前述的乳液聚合的机理相同，因为它是油包水型所以也称为反相乳液聚合（表 3.11）。由于制备高吸水性树脂的单体多为亲水性单体，使用反相乳液聚合法合成比较多。

表 3.11　乳液聚合法与反相乳液聚合法的比较

组成	乳液聚合法	反相乳液聚合法
分散介质	水性介质	油性介质
单体	亲油性	亲水性
引发剂	水溶性	油溶性
乳化剂	水包油型（O/W）	油包水型（W/O）

5. 悬乳聚合法

悬乳聚合法指油性单体和引发剂在水的介质中加入 HLB 值为 8~18 的乳化剂，在强烈搅拌或剧烈振荡下分散成乳液状态进行的聚合反应。悬乳聚合法加入乳化剂形成乳液，其产物的粒子比较细，因此与乳液聚合相似，但是因为采用油溶性的引发剂，这一点与用水溶性引发剂的乳液聚合不同，它不是按照乳液聚合机理进行，而是按照悬浮聚合的机理进行。

6. 反相悬乳聚合法

反相悬乳聚合法指水溶性单体和引发剂在油性介质中加入 HLB 值为 3~6 的乳化剂，在强烈搅拌或剧烈振荡下分散成乳液状态进行的聚合反应。该法与悬乳聚合法的不同之处在于，单体和引发剂是水溶性的，分散介质是亲油性物质。乳液体系为油包水型（W/O），所采用的乳化剂 HLB 值范围为 3~6，因此称为反相悬乳聚合法。悬乳聚合法与反相悬乳聚合法的比较见表 3.12 所示。由于制备吸水性树脂时常采用亲水性单体比油性原料多，反相悬浮聚合法也是合成高吸水性树脂的重要方法之一。

表 3.12　悬乳聚合法与反相悬乳聚合法的比较

组分	悬乳聚合法	反相悬乳聚合法
分散介质	水性介质	油性介质
单体	亲油性	亲水性
引发剂	油溶性	水溶性
乳化剂	水包油型（O/W），HLB 值为 8~18	油包水型（W/O），HLB 值为 3~6

3.5　制备几种高吸水性树脂的实施方法

高吸水性树脂从诞生起发展至今，种类繁多，产品的性能各异，应用各有侧重点，分类比较复杂。高吸水性树脂从原料来源分为三大系列：淀粉系、纤维素系和合成聚合物系。

3.5.1　淀粉系高吸水性树脂

高吸水性树脂起源于淀粉系。1961 年，美国北部研究所研究发现淀粉接枝丙烯腈皂化水解物具有超强吸水能力后，1967 年研发该高吸水性树脂产品并投入生产。随后，淀粉系高吸水性树脂发展很快，使用的淀粉原料和接枝单体的种类不断增加，产品的类型多种多样，吸水性能不断改善，其他特性也越来越好，用途越来越广泛，显示出重要的应用价值。淀粉分子含有大量羟基，可利用羟基的各种反应活性与亲水性或水解后变为亲水性的单烯类单体作用，制得高吸水性树脂。淀粉类高吸水性树脂主要有淀粉接枝丙烯腈类高吸水性树脂、淀粉接枝丙烯酸类高吸水性树脂及淀粉接枝其他含有不饱和单体类高吸水性树脂等。

1. 制备淀粉系高吸水性树脂原料

制备高吸水性树脂所使用的原料是淀粉和单体。此外，还有引发剂或催化剂、交联剂、分散剂和表面活性剂等助剂。

（1）淀粉。制备高吸水性树脂所使用的淀粉原料可以是天然淀粉如小麦淀粉、玉米淀粉、大米淀粉、土豆淀粉、红薯淀粉、高粱淀粉等，以及淀粉分解物如焙烧糊精、氧化淀粉、变性淀粉等，淀粉衍生物如淀粉酯、淀粉醚、接枝淀粉、交联淀粉、α-淀粉、分离淀粉、物理处理淀粉等均可使用，甚至未加工的含淀粉原料也能利用。

（2）单体。与淀粉进行接枝共聚反应的单体主要是亲水性和水解后变为亲水性的单烯类的单体，基本结构类型为

$$H_2C=\overset{\displaystyle |}{\underset{\displaystyle X}{C}}-R$$

式中，R 为 H 或烷基；X 为—COOH、—CN、—OH、—OR 或—SO$_3$H。

①水溶性单体至少具有一个亲水基的不饱和性单体。含羧基单体如丙烯酸、甲基丙烯酸、顺丁烯二酸和反丁烯二酸等；含羧酸无水物单体如顺丁烯二酸酐等；含羧酸盐基单体如丙烯酸钠、甲基丙烯酸钠和马来酸钠等；含羟基单体如丙烯醇、甲基丙烯醇和乙烯二醇等；含酯基、醚基单体如甲基丙烯酸羟乙酯、丙烯酸羟乙酯和多环氧乙烷-氧化丙二醇单丙烯醚等；含磺酸基单体如乙烯磺酸、丙烯磺酸和乙烯甲苯磺酸等；含磺酸盐基单体如乙烯磺酸、丙烯磺酸、乙烯甲苯磺酸等的碱金属盐、铵盐、胺盐等；含酰胺基单体如丙烯酰胺、甲基丙烯酰胺、N-烷基丙烯酰胺、N,N-二烷基丙烯酰胺及乙烯基吡咯烷酮等；含氨基单体如丙烯酸二甲氨基乙酯、丙烯酸二羟甲氨基乙酯等；含季铵基单体如 N,N,N-三甲基-N-丙烯酰胺氧（化）乙基氯化铵等。

②水解的水溶性单体。这种单体至少含有一个水解基如氰基、酯基等。含氰基单体，如丙烯腈、甲基丙烯腈等；乙烯基不饱和羧酸的低级烷基（C$_1$～C$_3$）酯，如丙烯酸甲酯、甲基丙烯酸甲酯、丙烯酸乙酯、甲基丙烯酸乙酯和丙烯酸二乙酯己酯等；乙烯基醇酯，如乙酸乙烯酯、乙酸丙烯酯和乙酸甲基丙烯酸酯等。

（3）引发剂或催化剂。淀粉与单体的接枝共聚多为自由基引发聚合，引发的方式有光、热、辐射、引发剂或催化剂作用等。淀粉与单体的接枝共聚大多采用引发剂引发，主要引发剂有：①过氧化物引发剂。主要有过氧化氢、过硫酸铵、过硫酸钾、过氧化苯甲酰和过氧化月桂酰等。②偶氮类引发剂。主要有偶氮二异丁腈和偶氮二异庚腈等。③氧化还原引发剂。主要有过氧化氢-硫酸亚铁、过氧化氢-L-抗坏血酸、过硫酸铵-亚硫酸氢钠、过硫酸钾-硫酸亚铁和过硫酸钾-硫代硫酸钠等。④其他引发剂。主要有硝酸铈铵、三氯化铁和五价钒盐等。

（4）交联剂。为防止高吸水性树脂在吸水时发生溶解，往往在合成树脂时加入交联剂，使分子链之间发生交联，形成交联化合物。交联剂主要有：①具有非共轭多双键化合物。二/三乙烯基化合物如二乙烯苯和三乙烯苯等；不饱和羧酸与多元醇或多元环氧化合物形成的多酯如乙二醇、丙三醇与丙烯酸形成的二丙烯酸酯等；多环氧化物与丙烯酸形成的二丙烯酸酯等；不饱和多元羧酸如顺丁烯二酸与多元醇如乙二醇和甘油等形成的不饱和聚酯；双丙烯酰胺如 N,N-二甲基双丙烯酰胺等。②能形成离子交联的多价金属化合物。主要有碱土金属化合物如氧化钙、氧化镁、氢氧化钙、氢氧化镁、碳酸钙和乙酸镁等；锌化物如氧化锌、氯化锌、乙酸锌等；铁化物如所化铁、氯化铁和硫酸亚铁等；铝化物如三氯化铝、三氧化二铝和氢氧化铝等。③其他交联剂。包括 N-羟甲基丙烯酰、甲基丙烯酸缩水甘油酯、乙二醇、乙二胺、乙二酸和苯二甲酸等。

（5）分散剂。为了使淀粉与单体分子很好地发生聚合反应，既能保持粒状，又能及时散热保持温度，一般采用分散剂使其分散。分散剂主要为 $C_1 \sim C_8$ 的烃类，如正戊烷、正己烷、正庚烷、环己烷、甲苯和二甲苯等。

（6）表面活性剂。将淀粉与单体的水溶液分散到烃类介质中，要使分散粒子稳定或形成稳定的乳液体系，须加入表面活性剂作为乳化剂，并加入防黏结剂以防止分散体系黏结成块。①乳化剂。淀粉和聚合单体具有亲水性，在油性烃类介质中进行接枝共聚反应时，会形成油包水型（W/O）乳液，即为反相乳液聚合或悬浮聚合反应。这类反应所需的表面活性剂 HLB 值为 3～9，最好为 3～6 的非离子表面活性剂，如聚氧化乙烯壬苯酯（HLB 值为 4.5）、山梨糖醇酐单月桂酸酯（HLB 值为 8）、聚氧化乙烯和聚乙二醇等。其表面活性剂的用量最好为反应物质量的 0.01%～20%。②防黏结剂。在合成高吸水性树脂时，进行接枝共聚反应非常剧烈，仅使用表面活性剂往往不能保证分散粒子的完全分散，甚至在蒸发分散溶剂时，经常会发生黏附现象，因此需加入防黏结剂。防黏结剂是 HLB 值为 0.8～2.5 的非离子表面活性剂，有山梨糖醇甘油三油酸酯、山梨糖醇甘油三硬脂酸酯和丙二醇甘油硬脂酸酯等，还要加一些烃类油或油脂，如液状石蜡和棉籽油等。非离子表面活性剂防黏结剂的用量一般为含水聚合物质量的 0.1%～50%。

2. 淀粉接枝丙烯腈类

淀粉接枝丙烯腈高吸水性树脂 1961 年产生于美国农务省北部研究所，1967 年 General Mills Chemical 公司实现了工业化生产。

1）接枝聚合原理

这类吸水性树脂可通过负离子催化剂使淀粉分子进行接枝共聚，也有自由基接枝共聚。目前，普遍使用自由基型接枝共聚技术制备该类树脂。淀粉接枝丙烯腈类生产高吸水性树脂的自由基聚合可采用光辐射、偶氮类光引发、氧化或氧化-

还原热引发体系进行接枝共聚[9]。自由基型接枝共聚能使淀粉分子产生自由基。由于产生自由基的方式不同，接枝机理也有差别。

（1）Fe^{2+}/H_2O_2 引发。利用 γ 射线、α 射线、β 射线及过氧化物、偶氮化合物和氧化还原引发剂，能使淀粉分子中带羟基的碳原子上的氢被夺走，从而产生自由基。

$$\left.\begin{aligned}
Fe^{2+} + HO\text{—}OH &\longrightarrow Fe^{3+} + \cdot OH + OH^- \\
Fe^{3+} + HO\text{—}OH &\longrightarrow Fe^{2+} + H^+ + \cdot O\text{—}OH \\
Fe^{3+} + \cdot O\text{—}OH &\longrightarrow Fe^{2+} + O = O + H^+
\end{aligned}\right\} \qquad (3.19)$$

产生的自由基如 ·OH 和 ·O—OH，能夺取淀粉分子中带羟基的碳原子上的氢，使淀粉引发成初级自由基，然后再引发单体丙烯腈，成为淀粉-丙烯腈自由基，继续与丙烯腈进行链增生聚合，最后发生链终止。

（2）Ce^{4+} 催化。采用 Ce^{4+} 催化使淀粉产生的自由基则不同，它是将丙烯腈在淀粉存在下使用催化剂 Ce^{4+} 引发聚合。Ce^{4+} 与淀粉配位，使淀粉链上的葡萄糖环 2,3 位置上两碳原子一个被氧化，碳键断裂，未被氧化的羟基碳原子上产生了初级自由基，再引发丙烯腈单体进行聚合。生产上使用 Ce^{4+} 为催化剂最多，这是因为其接枝效率高。

2）共聚物的水解反应

淀粉接枝丙烯腈的共聚物是带—CN 基的接枝物，—CN 基是疏水基团，故这种化合物不吸水，需加碱水溶液皂化水解，使—CN 水解生成—$CONH_2$、—COOH 或—COOMe（Me 为碱金属离子）等亲水基团，最终生成高吸水性树脂。水解中可采用的碱有氢氧化钠、氢氧化钾、氢氧化钙、氢氧化镁、氨水和碳酸钠等，一般使用氢氧化钠、氢氧化钾或氨水等。

3）制备工艺过程

淀粉接枝丙烯腈制备高吸水性树脂采用的原料、引发方式、分散介质、反应条件等不同，因此工艺过程也有所不同。①淀粉的糊化、冷却。为了均匀地进行聚合反应，必须使淀粉很好地分散在水中，因此将淀粉及水加入反应器中，搅拌、加热使淀粉糊化。糊化条件有：糊化时水与淀粉的比例，水与淀粉的比例随原料性质及反应要求不同而不同，一般水与淀粉的质量之比为 12～20；糊化温度，糊化温度和淀粉的种类有关，一般温度范围在 60～95℃；糊化时间，糊化时间与糊化温度以及淀粉的种类有关，一般为 0.5～2h；淀粉经糊化后，在搅拌下冷却至室温，以便加料进行接枝聚合反应。②接枝聚合。冷却后的糊化淀粉，在聚合反应器中，通氮气驱走反应器中氧气，然后加入单体和引发剂或催化剂，并搅拌。经过一定时间后发生放热反应，维持反应温度，直到反应终止。③皂化、冷却。反应后接枝物加入碱，升温至 80～95℃，进行皂化水解 4～6h，水解后，冷却至室温。④中和、分离、洗涤。水解的产物黏度很大，用盐酸或硫酸酸化至 pH 为 2～3，以便离心分离。之后，用水或添加乙醇、丙酮或甲醇的混合水溶液洗涤干净后，得到固体浆状接枝物。⑤干燥、粉碎。洗涤干净后产品，在烘箱中用热风在 80～120℃下干燥，再用粉碎机粉碎，筛分，得到符合粒度要求的粒状产品，包装并密封于塑料袋中。

　　4）制备实例

　　将 94g 玉米淀粉和 1330mL 水加到反应器中，搅拌，通氮气，加热到 60℃，糊化 0.5h，冷却至 20℃，依次加入丙烯腈 97g，硝酸铈铵溶液 7.5mL（1mol/L 的硝酸中含 1molCe^{4+}）混合物。将混合物在 20～50℃温度下反应 1h，再加入 7%氢氧化钠-甲醇混合溶液（水 37.5%）600mL，在 129℃下皂化水解 2h，然后用 5mol/L 的盐酸溶液中和至 pH 为 6～7，过滤，洗涤干净，在 65℃温度下真空干燥，产品吸水率达到 114g/g，吸尿率为 55g/g。由于该工艺需要先进行淀粉糊化、聚合物水解、洗涤等过程，制作流程较长，工序繁多，因此此工艺目前已逐渐被淘汰。

　　3. 淀粉接枝丙烯酸类

　　淀粉接枝丙烯腈类高吸水性树脂的研发开创了吸水材料的新面貌，而且其产品价格比较便宜，因此许多国家积极进行系列产品的开发研究。但是由于这种方法要经过皂化，使生产工序繁多，且存在未反应的有毒单体丙烯腈，洗涤工序繁杂。因此，科学家们直接使用丙烯酸、丙烯酰胺、甲基丙烯酸等烯类单体与淀粉进行接枝共聚反应，不进行皂化，从而使工序大大简化。由于单体丙烯酸、丙烯酰胺等的毒性比丙烯腈低得多，可简化洗涤工序，淀粉接枝丙烯酸类单体制备高吸水性树脂得到了迅速发展。

　　1）接枝聚合原理

　　淀粉接枝丙烯酸类高吸水性树脂所采用的接枝单体主要是丙烯酸、甲基丙烯酸或其他烯烃羧酸，在实际的生产和开发过程中，由于原料的购买、价格等因素，实际大多应用丙烯酸单体。与淀粉接枝丙烯腈一样，制备淀粉接枝丙烯酸类高吸水性树脂大多采用自由基型接枝共聚。自由基聚合可采用光辐射、偶氮类光引发、氧化或氧化-还原热引发体系，使淀粉分子上的氢被夺走而产生自由基，然后再引发单体丙烯酸形成淀粉丙烯酸自由基，经过链增长、链终止，最终结束反应生成产品。

　　2）制备工艺过程

　　淀粉接枝丙烯酸类高吸水性树脂的初始制造方法是仿照淀粉接枝丙烯腈类树脂的制法，与之不同的是其生产过程不需皂化水解，但还需进行中和、洗涤等过程。①淀粉的糊化、冷却。为了很好地使淀粉与丙烯酸进行接枝聚合反应，事先将淀粉均匀地分散在水中，一般水与淀粉的质量之比为 4～20，为使淀粉与水混合均匀，在搅拌作用，加热到 50~95℃下使淀粉糊化，一般糊化时间为 0.5~2h。淀粉经糊化后，继续在搅拌下冷却至室温，以便进行接枝聚合反应。②接枝聚合反应。冷却后的淀粉糊液，通氮气驱走反应体系中的氧气，然后加入单体、催化剂或引发剂，交联剂，同时搅拌，在一定温度下反应 2~5h，直到反应终止。聚合反应主要控制配料比，反应温度和反应时间等。一般情况下，淀粉与单体质量的比值为 0.5~2.0，引发剂用量为原料质量的 0.1%~1.0%，这与引发剂的类型有关。反应温度为 25~80℃，反应时间为 2~5h。③中和、过滤、洗涤。聚合反应后的混合液呈酸性，必须加碱中和至 pH 为 6~8。中和所用的碱有氢氧化钠、氢氧化钾、氢氧化钙或氢氧化铵等。中和后的混合液，经离心机分离，用水、甲醇、乙醇、丙酮等或混合液洗涤。④干燥、粉碎。过滤、洗涤后的产品，在烘箱中 80~120℃温度下干燥。由于粒子大小不均匀，需用粉碎机粉碎，过筛，得到合格产品，包装并密封。

3）制备实例

将 50g 直链玉米淀粉和 750g 水装入反应器中，在氮气流下，加热至 80℃，搅拌 1h 后，冷却至 30℃，加入丙烯酸 80g，N,N-二甲基双丙烯酰胺和聚合引发剂（30%的过氧化氢 0.2g 和 L-抗坏血酸 0.1g），添加后，在 40℃下搅拌聚合 5h，反应产物为带弹性的乳白色固体。将 30%氢氧化钠溶液 30g 加到乳白色固体中中和后，在 60℃下真空干燥 5h，粉碎后得 108g 白色粉末。该白色粉末不溶解于水，吸水率 350g/g，含水量状态稳定。

4. 淀粉接枝丙烯酰胺类

淀粉接枝丙烯腈类和丙烯酸类高吸水性树脂是淀粉系的主要吸水性产品。随着不同类型吸水性树脂的不断研发，新型淀粉接枝丙烯酰胺类吸水性材料表现出以下特点：淀粉接枝丙烯酰胺得到的产物含氨基和淀粉的羟基，因此是非离子型产物，直接作为吸水性树脂，其耐盐性高，强度较高，吸水速度快，吸尿能力强。淀粉接枝丙烯酰胺的产物可以用氢氧化钠水溶液进行水解，可以得到两种高吸水性树脂。其中一种是完全水解得到含羟基、含羧基的产物，这与淀粉接枝丙烯酸类产品一样，既有离子基团，又有非离子基团，其吸水性很好；另一种是部分水解，可得到含羟基、羧基、酰胺基的产物，为具有多种基团的高吸水性树脂，其吸水率、吸水速度、耐盐性、强度等可通过水解情况进行调节，有可能得到性能全面、符合要求的吸水性树脂。丙烯酰胺常温下为固体，易于处理、保存，运输方便。

淀粉接枝丙烯酰胺类的基本化学反应原理与淀粉接枝丙烯腈类、丙烯酸类等相似，不同之处在于：①非离子型产物。淀粉接枝丙烯酰胺类的产物不像接枝丙烯酸的离子型产物，而全为非离子型的产物，因此不需碱中和。②不需皂化水解。淀粉接枝丙烯酰胺类也不像丙烯腈接枝在淀粉上带亲油性基—CN，要用碱皂化水解变成亲水基即—$CONH_2$ 和—COOH，而它本身就是带有亲水基即—$CONH_2$ 和—OH 的产品，具有很强的吸水性，因此不需皂化水解就得到高吸水性树脂产品。③可制备多亲水基团的吸水性产品。淀粉接枝丙烯酰胺后如果用碱完全水解，可以变成带羧基和羟基的吸水性树脂，而如果部分水解，又可变成带羧基、酰胺基、羟基的高吸水性树脂。它还可以进一步水解制备多亲水基团（阴离子型和非离子型）吸水性树脂。④电解质及 pH 对吸水率影响小。淀粉接枝丙烯酰胺类由于本身带有亲水基—$CONH_2$ 和—OH，其接枝共聚物直接可得到高吸水性水凝胶，而这种水凝胶是非离子性的，因此电解质及 pH 对它的吸水性能影响较小，故其吸水性产品耐盐性好。

淀粉接枝丙烯酰胺得到的产物含氨基和羟基，是非离子型产物，可以直接作为吸水性树脂，不需皂化水解。一般制备过程为：淀粉加入水中，升温至 50～95℃下搅拌糊化，冷却至室温，充氮气排出中的氧气；加入单体、引发剂及交联剂，在 30～65℃下搅拌聚合 2～5h；聚合后，过滤，用水、甲醇等洗涤，减压干燥，进行粉碎得到粉末产品。

制备实例：将 70g 玉米淀粉，200g 水和 1200g 甲醇装入反应器中，在氮气流下，加热至 55℃，搅拌糊化 1h，然后冷却至 30℃，加 120g 丙烯酰胺、50g 硝酸铈铵溶液（在 1mol/L 硝酸溶液中含有 0.1mol 的 Ce^{4+}），0.20gN,N-亚甲基双丙烯酰胺，在 35℃温度下搅拌聚合 3h。聚合后经过滤，用甲醇水溶液洗涤，在 60℃温度下减压干燥，经粉碎，得到粉末产品，其吸水率为 113g/g，吸盐水率为 27g/g。

5.淀粉接枝其他含有不饱和单体类

淀粉接枝丙烯腈类、丙烯酸类、丙烯酰胺类以及丙烯酸酯类吸水性树脂是淀粉系主要吸水性产品，接枝的单体主要为乙烯基类单体。随着淀粉系高吸水性树脂研究的深入，接枝的单体种类也越来越广泛，从一种单体的接枝发展成多种单体或带多种亲水基团单体的接枝共聚，接枝共聚工艺的多元化使产品的性能得到进一步提高。

1）淀粉接枝乙酸乙烯酯类吸水剂

淀粉接枝乙酸乙烯酯类吸水剂的制备原理与淀粉接枝丙烯腈类吸水剂等相类似。一般将淀粉与水加热搅拌糊化后，冷却至常温，再加入乙酸乙烯酯、引发剂后，加热至一定温度下聚合，接着加碱皂化水解，再用酸中和至 pH 为 6～8，减压干燥，经粉碎得粉末状吸水剂。淀粉接枝乙酸乙烯酯水解物是非离子型吸水性树脂，因此溶液中的 pH 及离子强度对吸水性能影响较小，故性能比较稳定。

2）淀粉与环氧化物接枝共聚物

这类接枝共聚合的反应机理是采用阴离子聚合。一般是将淀粉用萘钠-四氢呋喃、萘钾-四氢呋喃处理,形成烷氧化钾或烷氧化钠衍生物的淀粉配成合适的溶液,再与环氧化物作用,可形成淀粉-环氧化物的接枝共聚物,得到非离子型高吸水性树脂。淀粉与环氧化物接枝共聚物制备的高吸水性树脂,主要的特点是吸水速度快,耐盐性高,受 pH 影响较小,吸水能力较低。因此,这种吸水剂应用于农林、建材等方面比较适宜。

6. 淀粉接枝多种类型单体类

淀粉接枝多种类型单体或带多种亲水基团的单体,能制备得到带多种亲水基团的吸水性树脂。实践证明,具有多种基团的吸水性产品,其吸水性能更好。因此,多元基团的吸水剂种类很多,发展迅速,很可能成为未来吸水剂产品发展的趋势。例如,丙烯酰胺和 2-丙烯酰胺-2-甲基丙磺酸与淀粉接枝共聚、丙烯腈和 2-丙烯酰胺-2-甲基丙磺酸与淀粉接枝共聚、淀粉-丙烯酸-丙烯酸酯接枝共聚、淀粉-丙烯酸-丙烯酰胺接枝共聚等,通过淀粉与多组分单体的接枝共聚对改善吸水性树脂的吸水能力、保水能力以及其他性能,如加工性能、机械性能等有重要的作用。可根据要求,采用合适的单体进行组合和高分子的分子设计、与淀粉接枝共聚,使淀粉分子链上带有多方面的功能基团,制备出更适用的优良吸水性材料。这也是淀粉系高吸水性树脂今后发展的方向。

3.5.2　纤维素系高吸水性树脂

1. 天然纤维及改性纤维的吸水性

天然纤维具有很强的吸水性,一方面由于它是亲水性的多羟基化合物;另一方面,它是纤维状的物质有许多毛细管,比表面积很大。因此,天然纤维作为吸水性材料获得了广泛应用,如药棉、卫生纸、毛巾、尿布、床单、汗衫等几乎都是天然纤维制品。但天然纤维的吸水能力不够强,特别是在负载压力下的吸水性能几乎接近于零。因此,为了提高其吸水性能,可通过化学反应使其具有更强或者更多的亲水基团,同时,又使它保持纤维本身具有大的比表面积和多毛细管性。这类吸水性树脂主要有纤维素衍生物吸水剂、纤维素接枝丙烯酸或丙烯酰胺类吸水剂。由于纤维素与淀粉在化学结构上很大相似,因此淀粉接枝共聚制备高吸水性树脂的工艺多可使用于纤维素的接枝共聚,采用自由基引发纤维素产生大分子自由基进行聚合的方法。

自加拿大 Lepoutre 等[10] 最先在漂白的造纸浆粕上接枝聚丙烯腈以制备高吸水材料以来,基于以纤维素为骨架,通过与其他单体接枝共聚形成的一类高分子聚合物,即纤维素系高吸水材料研究开始活跃起来。天然纤维素的来源广泛,含有大量羟基,可以与水亲和,且能与大部分小分子化合物发生反应,可得到取代度较高的衍生物，与合成类、淀粉类高吸水性树脂相比，纤维素系高吸水性树脂的吸水量稍低，但耐盐性好，pH 易调节，抗生物降解的性能较好，具有重要的环保意义和经济价值。

2. 纤维素的化学性质

纤维素与淀粉分子一样，是多糖高分子化合物，均由 D-葡萄糖单元组成，含有大量的羟基，可以进行酯化、醚化等形成各种衍生物，能与许多单体进行接枝共聚，形成接枝共聚物等[11]。

（1）纤维素的酯化反应。纤维素可与不同的酸形成酯，如它和乙酸反应，以 Cell — OH 表示纤维素中羟基，其酯化反应式为

$$Cell-OH + HOAC \Longrightarrow Cell-OAc + H_2O \tag{3.20}$$

在纤维素的每个 D-葡萄糖基上，有一个羟基是伯醇基，有两个羟基是仲醇基。它们在性质上的区别在于与有机酸形成酯的能力不同。伯醇基容易形成酯，而仲醇基酯化比较困难。纤维素用酸来酯化是极不完全的，要使纤维素上的羟基都酯化，首先必须使用酸酐或酰卤。主要有两方面原因，一方面由于纤维素是大分子，通常不溶于酯化混合物中，反应在两相中进行，且可能只在表面上发生；另一方面，纤维素纤维结晶度很高，结晶区排列紧密，反应试剂更不易渗透，故反应只能发生在无定形区，纤维素纤维的内部反应很不完全，甚至还有未酯化的分子，这样就会引起酯化的不均匀性。有时为提高纤维素的酯化能力，可用碱处理破坏它的结晶，制成碱纤维素。

（2）纤维素的醚化反应。纤维素和淀粉一样，能在碱存在下与卤代烃或硫酸二烃基酯作用生成纤维素醚，主要有纤维素甲基醚、乙基醚和苯基醚等，此外，还有羟乙基纤维素和羧甲基纤维素等。纤维素醚的特点是化学稳定性高，在碱的作用下不皂化。

纤维素除了上述化学反应之外，还有纤维素与碱反应、黄原酸化反应及接枝聚合反应等，这些反应是制备纤维素吸水性材料的重要反应。

3. 纤维素系高吸水性树脂的制备原理

纤维素系高吸水性树脂的制备原理是自由基引发聚合，在引发剂的作用下，首先在纤维素大分子上产生游离基，与单体反应，形成接枝共聚物。引发方法主要以化学引发为主，另外也有物理法引发如 ^{60}Co 辐射引发法[12]和微波辐射法[13]等。纤维素系高吸水性树脂的合成方法主要是溶液聚合法，也有反相悬浮聚合法，反相悬浮聚合法与传统的溶液聚合法相比，其反应体系稳定，产物颗粒均匀，吸水率高。

4. 纤维素系高吸水性树脂的制备方法

天然纤维的吸水性能有限，经过物理、化学、生物等改性方法处理，可以提高反应活性，提高产物的吸水率。经过这种处理的纤维素通常称为纤维素衍生物。纤维素衍生物的吸水性能比较高，比纤维素高几十倍，乃至上百倍。

纤维素系高吸水性树脂的制备方法一般有醚化纤维素类、纤维素的接枝共聚、纤维素衍生物的接枝共聚等。

1）醚化纤维素类

利用纤维素醚化，可以制备多种类型的吸水性纤维。纤维素醚化的原材料包括：①纤维素。纤维素醚化使用的纤维种类很多，主要有纸用纤维、特别是棉纤维、木质纤维、再生纤维素纤维、麻纤维等。②交联剂。纤维素的交联所采用的交联剂是多官能反应基团的化合物，与淀粉系所使用的交联剂相类似，主要有环氧化合物如双环氧丙基醚、乙二醇二环氧丙基醚等，氯化物如二氯乙烷，酰胺类如亚甲基氯乙烯酰胺等。③醚化剂。主要的醚化剂有一氯乙酸、二氯乙酸等。

醚化纤维素的制备可以先用纤维制成碱纤维素，之后用交联剂进行交联，然后加醚化剂进行醚化反应。主要过程为：①碱纤维素的制备。精制好的纤维素纤维先用碱水溶液充分浸渍，去掉可溶性的低分子物，同时使纤维的结晶受到破坏，发生膨润，制得碱纤维素，有利于反应的进行。在制备碱纤维素时除了用水溶液外，也可采用有机溶剂及与水的混合溶液，如甲醇、异丙醇等醇类物质。②纤维素的交联。将碱纤维素加入交联剂，即可进行交联反应。纤维素的交联也有不同的方法，有的是将交联剂均匀分散至碱纤维素中进行反应，也有将碱纤维素加入交联剂的水溶液中加热，在捏合的条件下反应从而完成纤维素的交联。将交联反应后的产物分散于水中，然后用乙酸等酸中和，用水洗涤、分离、干燥即得交联的纤维素。③纤维素的醚化。将交联纤维素与醚化剂混合于反应器中，加热进行醚化反应，醚化反应的条件随醚化剂的种类、反应物的比例及所采用溶液的情况而定。醚化反应之后，经中和、洗涤、干燥得到产品。

羧甲基纤维素是一种水溶性的纤维素阴离子醚，由氯代乙酸或氯代乙酸钠盐与碱纤维素反应制得，为重要改性产品，也是重要的反应中间体。其工业化生产主要有水媒法、溶媒法和溶液法等，文献中多以异丙醇作为反应的稀释剂。其吸水能力的大小与端基羧基取代度的数值有直接关系，通过控制羧甲基纤维素制备反应原料用量，以得到吸水能力数十倍的羧甲基纤维素。这样的吸水能力不是很高，通过醚化、交联等处理，可制得高吸水性材料。

实例 1. 将精制木质纤维用 8%～10%的氢氧化钠溶液浸渍处理，再经压榨、粉碎后得碱纤维素。然后加入环氧氯丙烷，继续粉碎，使环氧氯丙烷均匀分散于碱纤维素中，再放入反应器内，在 20～25℃下，反应 18～24h。然后将产物分散于水中，用乙酸中和后，接着用水洗涤干净，经离心分离干燥后，得交联的纤维素。将交联的纤维素300g与160mL水及13.4L 2-丙醇放入反应器中，搅拌成浆，加热至40℃，加入50%的氢氧化钠溶液，加热搅拌30～60min，使温度升高到60～70℃，加入一氯乙酸溶液（一氯乙酸112g溶解在600mL的2-丙醇中），在70～80℃下搅拌反应4～8h，冷却反应混合物后，用乙酸中和、过滤，用甲醇洗涤干净，干燥后得吸水性纤维，其吸水率约32g/g，吸盐水率为15g/g。

实例2. 华南理工大学的苏茂尧等[14, 15]和高洸等[16]以羧甲基纤维素为主体，分别采用 N,N-亚甲基双丙烯酰胺、N-羟甲基丙烯酰胺为交联剂，制取纤维素高吸水聚合物，吸水量可达330g/g。用X射线和电子显微镜观测吸水材料的结晶度和形成结构。结果表明，随改性纤维取代度的增大，纤维素横截面变得疏松，结晶度下降，润胀能力提高，纤维端毛刺和尖锐连续边缘消失，并变得柔软。

2）自由基接枝共聚反应法

接枝共聚是对纤维素进行改性的重要方法之一，它可以赋予纤维素材料以某些新的性能，而又不至于完全破坏纤维素材料所固有的优点。由于纤维素与淀粉在化学结构上的相似性，淀粉接枝共聚制备吸水剂的方法也多可应用于纤维素的接枝共聚中。因此，接枝共聚是纤维素制备高吸水性树脂最主要的方法，这里以自由基接枝共聚反应为主介绍。

（1）引发剂引发纤维素大分子产生自由基。使纤维素大分子产生自由基所采用的引发剂主要有 Ce^{4+} 盐、V^{5+} 盐、过氧化物、偶氮化合物和氧化还原引发剂等。

①Ce^{4+} 盐和 V^{5+} 盐引发剂引发法。以 Ce^{4+} 盐引发纤维素与乙烯基单体接枝共聚是最常见的方法。丙烯酸、丙烯腈、丙烯酰胺、丙烯酸酯、乙酸乙烯酯等都可用该法接枝到纤维素分子，制备不同类型的高吸水性树脂，其反应原理与淀粉相似。Ce^{4+} 盐引发能得到高接枝量。研究表明，起引发作用的自由基因失水，葡萄糖中 C_2—C_3 键断裂而形成 C_3 自由基。如果以 Cell —H 表示纤维素中活性基团，以 M 表示单体，乙烯类基单体与纤维素接枝共聚机理如下：

$$Ce^{4+} + Cell—H \rightleftharpoons Cell· + Ce^{3+}$$

$$Cell· + M \longrightarrow Cell—M·$$

其中 Cell —M· 表示纤维素自由基。

链增长过程

$$Cell—M· + M \longrightarrow Cell—MM·$$

$$Cell—MM· + M \longrightarrow Cell—MMM·$$

$$\cdots\cdots$$

$$Cell—M_{n-1}· + M \longrightarrow Cell—M_n·$$

其中 Cell —M_n· 表示链增长自由基。

终止过程

$$\text{Cell}-\text{M}_n\cdot+\text{Cell}-\text{M}_m\cdot\longrightarrow\text{Cell}-\text{M}_n\text{M}_m-\text{Cell}$$

$$\text{Cell}-\text{M}_n\cdot+\text{Ce}^{4+}\longrightarrow\text{Cell}-\text{M}_n+\text{H}^++\text{Ce}^{3+}$$

其中 Cell—M_n 表示接枝产物。

氧化过程

$$\text{Cell}\cdot+\ \text{Ce}^{4+}\longrightarrow\text{Ce}^{3+}+\text{H}^++氧化产物$$

由于 Ce^{4+} 盐使纤维素接枝乙烯基类单体具有高接枝效率，在研究和生产中使用比较多，特别在纤维素及其衍生物制备吸水性树脂中也常优先采用。近几十年来，人们对 V^{5+} 盐引发纤维素与乙烯基单体接枝共聚也有不少研究，其反应机理和 Ce^{4+} 盐引发接枝共聚反应机理相类似。利用 V^{5+} 盐引发纤维素接枝制备高吸水性树脂成为值得注意的新方向。

②过氧化物、偶氮化合物等引发剂引发法。利用过硫酸盐、过氧化苯二甲酰等过氧化物引发剂和偶氮二异丁腈、偶氮二异庚腈等偶氮类引发剂，借助于链转移在纤维素大分子上形成自由基，再和单体进行接枝共聚。虽然过氧化物、偶氮化合物等引发剂接枝效率比高铈盐低，但价格比较低，因此纤维素接枝乙烯基类单体制备高吸水性树脂时这类引发剂应用也较多，其反应机理与淀粉接枝共聚相似。

③氧化还原引发剂引发法。对于纤维素接枝共聚乙烯基类单体的反应，也常用氧化还原体系引发剂。它能使纤维素分子中的碳原子或羟基上的氢被夺走而产生初级自由基，然后再引发乙烯基单体如丙烯酸等成为纤维素单体自由基，继续与单体进行链增长聚合，最后产生链终止。由于氧化还原体系引发剂更能降低纤维素与单体接枝共聚反应活化能，提高反应效率，并能降低反应温度，故在制备高吸水性树脂中获得较好的应用。

（2）光化学引发法。利用光化学引发的方法来使纤维素接枝也有不少研究。光化学最大的特点是辐射源易得，且辐射能量低，一般不会发生大分子的降解。光辐射接枝主要发生在纤维的表层，因此可利用此法改进纤维及其织物的表面吸水性或亲水性能，以进一步发展纤维材料的应用。由于光辐射能量低，一般需要光敏剂，如在纤维素与乙酸乙烯酯、丙烯酰胺、苯乙烯等进行接枝时，利用 2-甲基蒽醌或 2,7-蒽醌二磺酸酯等作为光敏剂。

（3）高能辐射法。高能辐射引发接枝共聚技术分为同时辐射、预辐射和过氧化物法等三种。辐射源可以是原子反应堆、X 射线发生器、放射性同位素以及原子裂变产物等。在 α 射线、β 射线、γ 射线和 X 射线等作用下，当纤维素受到高能辐射时，会失去氢原子等基团，形成纤维基自由基，即可与单体发生接枝聚合反应。辐射引发接枝共聚技术在纤维素系高吸水性树脂制备中已开始研究和应用，是一种很有发展前景的方法。

3）纤维素接枝共聚丙烯腈类高吸水性树脂

以纤维素为原料，通过与有机单体接枝共聚可以制备高吸水性材料[17-19]。丙烯腈是用在纤维素接枝共聚方面研究最早也是较多的一种单体，将纤维素通过接枝乙烯基单体来改性制备高吸水性材料，在漂白的造纸浆粕上接枝聚合丙烯腈，然后碱水解，得到吸水率为 40g/g 的聚合物。

纤维素与丙烯腈接枝共聚制备高吸水性树脂主要包括两个过程，即接枝共聚反应过程和接枝物皂化反应过程。①接枝共聚反应的反应过程与淀粉接枝丙烯腈相类似，有引发剂引发、光引发、高能辐射引发等。引发剂主要 Ce^{4+}、V^{5+} 等高价金属盐、过硫酸盐、氧化还原引发剂等，目前 Ce^{4+} 盐引发剂研究的最多。②接枝物的皂化反应采用碱为催化剂，与淀粉-丙烯腈类高吸水性树脂的皂化过程相似。

林松柏等[20]研究以铈盐为引发剂，微晶纤维素经碱糊化后，与丙烯腈单体接枝共聚反应，其接枝共聚物在碱性介质中水解制成吸水倍数达 450g/g 的高吸水性树脂。Lokhande 等[21]以棉花中的纤维素为基质，以 Ce^{4+} 为引发剂接枝聚丙烯腈，并用氢氧化钠进行处理，使材料具有开放的结构，吸水率可达千倍。后来Lokhande 等[22]报道用含有 30%淀粉和 70%纤维素的织机废弃物为原材料，通过自由基引发进行接枝共聚获得接枝聚丙烯腈的产品，所得吸水材料的吸水率为148g/g，吸盐水（0.9%的 NaCl 溶液）率为 63g/g。用这种方法制备高吸水材料不但可利用废弃物，又因其原材料含有可生物降解的淀粉和纤维素使产品具有可生物降解性。

4）纤维素接枝丙烯酸类高吸水性树脂

纤维素接枝丙烯酸类高吸水性树脂的研究吸引了许多学者，它和淀粉接枝丙烯酸一样，是目前纤维素系高吸水性树脂最重要的产品之一。

（1）天然纤维接枝丙烯酸类。天然纤维接枝丙烯酸是重要的发展方向，因为它不需要制成衍生物，有利于成本的降低，而如何提高接枝效率是制取高吸水性树脂的关键。研究初期采用纯纤维素如精制棉或微晶纤维素为原料，所得产品的吸水率可达到 100g/g 以上，与丙烯腈或丙烯酰胺接枝水解物比较而言，吸水能力强并且吸水速度快。郑彤等[23]采用再生纸浆纤维素为分子骨架，接枝丙烯酸及其钠盐制备高吸水性树脂，研究再生纸浆种类及纸浆含量对产物吸水性能的影响，在确定了再生纸浆用量为 22%的基础上，以 $K_2S_2O_8$ 为引发剂，制备出吸水率达 1050g/g，60℃时水凝胶的水分散失通量为纯水的 55%的高吸水性树脂。宋荣钊等[24]和潘松汉等[25]用过硫酸盐氧化法使超细纤维素与丙烯酸接枝共聚，得到的树脂吸水倍数也可达千倍以上，和淀粉接枝吸水材料相近，但它抗霉菌降解能力较优。刘淑娟等[26]和刘玉勇等[27, 28]采用非均相制备取得了很好的效果，经 H_2O_2 处理过的纤维素与丙烯酸在非均相体系中进行的接枝共聚，发现 H_2O_2-Cell 先形成氧化还原体系，再引发丙烯酸与纤维素接枝的聚合，制备出可吸去离子水达自身质量的 700g/g、自来水达 400g/g 的高吸水性材料。赵宝秀等[29]针对目前纤维素系高吸水树脂在合成过程中存在的技术问题，采用微波辐射技术，以纸浆为底物，在一定的微波辐射功率下，只需 8min 就可以完成纤维素基高吸水树脂的接枝共聚合成，其吸水率高达 1200g/g，并有很好的持续保水能力。

（2）纤维素衍生物接枝丙烯酸类。纤维素接枝亲水性单体的吸水能力比较高，比纤维素高几十倍甚至几百倍。而高亲水性的纤维素衍生物本身就是高吸水剂，如果将它们进行接枝共聚，一定能够大幅度地提高吸水剂的吸水能力。

①羟乙基纤维素接枝丙烯酸类高吸水性树脂。孙晓然等[30]采用微波辐射技术，以羟乙基纤维素为原料，丙烯酰胺和马来酸酐为接枝单体，N, N'-亚甲基双丙烯酰胺为交联剂，过硫酸铵为引发剂，合成一种耐盐型羟乙基纤维素-丙烯酰胺-马来酸酐接枝共聚高吸水性树脂，制得高吸水性树脂最大吸盐水率达 167g/g，研究开发出新型耐盐性纤维素基高吸水性树脂合成新工艺。

②羧甲基纤维素接枝丙烯酸类高吸水性树脂。为了进一步提高羧甲基纤维素的吸水性能，邹新禧[31]对羧甲基纤维素接枝丙烯酸进行了比较深入的研究。采用两种方法合成：第一种是反相乳液聚合法。先将羧甲基纤维素溶于水中，加入丙烯酸和氢氧化钠的水溶液，用再加入水溶性引发剂如过氧化物、过硫酸盐等，在氮气保护下，在 40～75℃温度下反应 2～5h 后，过滤，用甲醇洗涤、干燥、粉碎，得粉末状产物，其吸水率达到 1600～2000g/g。第二种是溶液聚合法。将羧甲基纤维素、丙烯酸、氢氧化钠、引发剂及溶剂等放入反应器中，搅拌使之溶解，加热至温度为 120～200℃，在较高的温度下反应 1～3h，粉碎得粉末状产品，其吸水率高达 1600～2100g/g。

5）纤维素接枝酰胺类高吸水性树脂

纤维素接枝酰胺类吸水剂的吸水能力不太高，因此它不像纤维接枝丙烯酸类吸水剂研究得那样多。这类吸水剂的特点包括：①纤维素接枝酰胺类的共聚物其分子链是含有羟基和酰胺基的吸水剂，属于非离子型吸水剂，因此其耐盐性高，吸水速度快，吸水后的强度也比较高；②丙烯酸是液体，提纯处理较麻烦，而丙烯酰胺是固体，较易处理；③纤维素接枝酰胺类共聚物还可进一步用碱皂化制得含羧基的吸水剂，可以大幅度同进提高产品的吸水能力。同时，可控制水解程度，制得含多种亲水基团的亲水剂，以适应多种场合的应用。

纤维素接枝酰胺类高吸水性树脂有以下两大类型。

（1）天然纤维接枝丙烯酰胺类吸水剂。纤维素接枝丙烯酰胺是制备高吸水性材料的又一方法。朴相範等[32]采用磨木机械浆为原料，先用过氧乙酸氧化，有效地脱除木质素，然后接枝丙烯酰胺，碱水解得到产品，吸水率为 30～40g/g，吸盐水率降低为约 10g/g。加入适量的交联剂 N, N-亚甲基双丙烯酰胺（MBAM），可以进一步提高产品的保水能力。以精制纸浆为原料接枝丙烯酰胺的吸水性可达近百倍。刘艳三等[33]报道以纸浆纤维与丙烯酰胺的接枝共聚物经水解后可制成一种膜片状吸水材料。这种膜片既具有纤维的柔软、舒适、多毛细管作用等特性，又具有较好的形状保持能力，加压后不出水，吸水率可达自身质量的近百倍。

为了改善吸水材料的一些性能，通过与无机物等复合，可制备出性能优良的高吸水性材料。林松柏等[34]介绍了在高岭土存在下，以 N,N-亚甲基双丙烯酰胺作交联剂，以硝酸铈铵为引发剂，微晶纤维素与丙烯酰胺进行接枝共聚反应，合成接枝纤维素/高岭土高吸水性复合材料。高岭土属亲水性的层状硅酸盐黏土矿物的材料，经深加工处理后的粉体具有较大的比表面积，并且其表面存在着许多羟基，可与有机高聚物产生氢键作用或化学键作用，形成有机/无机杂化网络结构。纤维素接枝丙烯酰胺经皂化后是一种吸水率高、吸水速度快的高吸水性树脂，在其体系中添加高岭土，可获得成本低、凝胶吸水性能优异的高吸水性复合材料，吸水率达 1166 g/g，对生理盐水的吸盐水率达 86g/g。与接枝丙烯酸相比该材料吸水能力通常较低，但在耐盐性方面有所提高。因此，常利用丙烯酰胺和丙烯酸（钠）与纤维素进行多元共聚来制备高吸水性材料[35, 36]。

（2）纤维素衍生物接枝丙烯酰胺类吸水剂。常用的纤维素衍生物有羧甲基纤维素、羟乙基纤维素和纤维素黄原酸盐等。通过在纤维素衍生物分子上的接枝共聚多组分单体，可以改善聚合物的吸水性能，尤其可以大大提高吸水剂的吸盐水率。李建成等[37]以麦草浆为原料，采用溶媒法和二次加碱工艺制备均一取代度的羧甲基纤维素，再与丙烯酸、丙烯酰胺接枝共聚制得高吸水树脂，吸水率达430g/g，具有良好的吸水速度和保水率。马凤国等[38]通过探索工艺条件，以羧甲基纤维素钠、丙烯酸、丙烯酰胺为原料，经自由基接枝聚合制备吸水率达到900g/g的高吸水性材料。多元共聚物与其他材料进行复合，可制备出性能优良的复合材料。肖春妹等[39]在羟乙基纤维素-丙烯酰胺-丙烯酸三元共聚物中引入硅溶胶，一方面，树脂中 SiO_2 的无机网络与有机网络相互贯穿的物理作用，以及高分子链的限制运动，提高了热稳定性；另一方面，因为硅溶胶具有表面活性，它通过活性表面与吸水性离子链接合起来，形成交联结构，从而增大了树脂的强度。结果表明，制得的高吸水性树脂吸水率达 867g/g，对 NaCl 溶液（质量分数为 0.9%）吸盐水率提高到 102g/g。

目前，纤维素系高吸水材料发展迅速，作为合成高吸水性树脂的三大原料之一，纤维素的储量丰富，可不断再生，价格低廉，本身具有很多优点，无毒且能被微生物分解，可减少对环境的污染，其耐盐性好，是淀粉类和合成类高吸水树脂所不及的，因此产品种类和应用领域不断扩大，已成为高吸水性材料的主要品种之一。

3.5.3　合成聚合物系高吸水性树脂

合成聚合物系高吸水性树脂主要有聚丙烯酸类、聚丙烯腈类、聚丙烯酰胺类和聚乙烯醇类等，由于丙烯酸原料无毒性及环保的优势，应用最多的还属聚丙烯酸类合成高吸水性树脂。

1. 制备聚丙烯酸类高吸水性树脂的原材料

聚丙烯酸类高吸水性树脂是以丙烯酸类为原料，通过聚合的方法制备高吸水性聚合物。主要原材料有单体、引发剂或催化剂、交联剂、分散介质或溶剂等。

（1）单体。制备聚丙烯酸类高吸水性树脂的单体，基本结构为

$$H_2C = C - R_1$$
$$|$$
$$COOR_2$$

式中，R_1 为 H 或烷基（$C_1 \sim C_3$）；R_2 为 H 或短链烷基（$C_1 \sim C_9$），或为长链烷基（$C_{10} \sim C_{30}$）。

（2）引发剂或催化剂。在水溶液聚合中，主要采用水溶性引发剂。有过硫酸盐如过硫酸钾或硫氢酸铵，过氧化氢等，也有使用氧化还原引发剂，如硝酸高铈盐、过氧化氢-硫酸亚铁或过硫酸盐-亚硫酸氢钠等；而在非水溶性单体的聚合中则使用油溶性的引发剂，如偶氮二异丁腈或过氧化二苯甲酰等。

（3）交联剂。①多价金属阳离子。作为金属阳离子的有铝、钙、铁、铬等，主要是利用多价金属阳离子与羧酸阴离子形成离子键。②能与羧基及活泼氢反应的双官能团的化合物，如 1,3-二氯异丙醇、环氧氯丙烷、4-丁二醇二缩水甘油醚、双酚 A 双氧氯丙烷等。③酯类单体共聚，如乙酸乙烯酯、丙烯酸酯与丙烯酸共聚，增强亲油性，降低其水溶解性。④双烯类单体，如二乙烯苯、*N,N*-亚基双丙烯酰胺等，这类双烯类单体的分子结构中有两个双键，它们与丙烯酸类单体共聚时，同时使聚合分子间发生交联。

（4）分散介质或溶剂。制备聚丙烯酸类高吸水性树脂时采用的聚合方法有溶液聚合、乳液聚合、悬浮聚合、反相乳液聚合及反相悬浮聚合等。溶液聚合所采用的溶剂有水、甲醇、乙醇、丙酮和氯仿等；乳液聚合、悬浮聚合采用的分散介质为水；反相乳液聚合或反相悬浮聚合使用的分散介质主要为烷烃如正戊烷、正己烷、正庚烷等。

（5）乳化剂或悬浮剂。在乳液聚合及反相乳液聚合所采用的乳化剂，前者 HLB 值为 9~18；后者 HLB 值为 3~8。在悬乳聚合及反相悬乳聚合中，所采用的悬浮剂有表面活性剂和无机物粉末，其具体物质如表 3.13 所示。

表 3.13　制备聚丙烯酸类高吸水性树脂时的乳化剂或悬浮剂

聚合方法	乳化剂或悬浮剂	举例
乳液聚合	HLB 值为 9~18	聚山梨酯
反相乳液聚合	HLB 值为 3~8	失水山梨醇脂肪酸酯
悬乳聚合	表面活性剂	聚乙烯醇、羧甲基纤维素、明胶等
反相悬乳聚合	无机物粉末	碳酸镁、碳酸钙、磷酸钙、高岭土等

2. 聚丙烯酸类高吸水性树脂的合成方法

聚丙烯酸类高吸水性树脂的合成原理以自由基聚合反应为主,也有采用离子型聚合反应的。按聚合反应的实施方法分类,有溶液聚合法、反相悬浮聚合法、反相乳液聚合法、乳液聚合法及悬浮聚合法等。

(1)溶液聚合法。聚丙酸类高吸水性树脂的合成一般采用自由基型聚合反应,自由基聚合有光辐射、偶氮类光引发、氧化或氧化-还原热引发体系,目前工业应用中使用最多的是氧化或氧化-还原热引发体系。该方法有以下两种实施方案:①先制成聚合物,后加交联剂法。先将丙烯酸类单体、碱加放水中,制成 30%的丙烯酸中和物溶液,再加入引发剂,在氮气保护下加热,搅拌进行聚合反应,得到直链状的聚丙烯酸盐。这种含水聚合物添加多元醇,然后通过加热进行交联可得到吸水性树脂。这种聚合物不能在含水聚合体内部或在粉末内部得到均匀交联,由于产品交联不均匀,吸水性能不稳定。②交联剂与单体同时加入法。该法是聚合反应和交联反应同时进行。将丙烯酸、氢氧化钠、多元醇同时溶解在水中,形成均匀分布的水溶液,再加入引发剂,在氮气保护下加热,搅拌进行聚合反应和部分交联反应,得到部分交联的聚丙烯酸钠盐。这种聚合物均匀地分散在含有部分未交联反应的醇的水溶液中,然后再加热干燥,并继续进行分子间交联,这样便得到交联均匀的吸水性聚合物。水溶液聚合法的生产过程不产生有毒、有害物质,整个过程可在环境友好的氛围中进行。

(2)反相悬浮聚合法。在用交联法制备高吸水性树脂时,有采用反相乳液聚合法的,也有用反相悬浮聚合法的。前者因为采用油溶性引发剂,在聚合时发生凝胶黏壁较严重,形成不溶性皮膜等,不易得到粉末状吸水剂产品。因此,大多数研究者采用水溶性引发剂,即反相悬浮聚合法进行高吸水性树脂的制备。反相悬浮聚合法与水溶液法合成高吸水性树脂不同,其合成过程是以有机溶剂为分散介质,经碱部分中和的丙烯酸钠和丙烯酸混合水溶液,以滴液方式分散在油的分散介质中,在悬浮分散剂和搅拌作用下形成油包水型稳定分散液滴,引发剂和交联剂溶解在水相液滴中进行的聚合方法。

聚合物的聚合过程较为复杂,单体和单体在引发剂的作用下发生聚合反应,且通过进行交联从而形成相互缠绕的三维网状结构聚合物,整个反应过程以共聚反应为主, 聚合过程及分子结构示意图如图 3.1 所示。

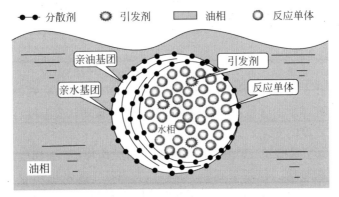

图 3.1　聚合反应体系内单体分布状态

聚合反应结束后, 需进行减压蒸馏等方法除去油溶性的有机溶剂, 然后对凝胶进行干燥即可制得高吸水性树脂产品。

3.5.4　三条技术路线的综合对比

淀粉类和纤维素类合成高吸水性树脂是最早的合成工艺, 生产过程比较简单, 但生产流水线较长, 一方面, 由于在产品中引入了淀粉和纤维素导致产品在高温下会发生黄变; 另一方面, 产品在较长储存时间下会产生发霉的现象。

反相悬浮聚合法解决了水溶液聚合法的传热、搅拌困难等问题, 可直接获得珠状产品。该方法的缺点是主设备材质要求高, 设备投资大, 由于生产过程采用有机溶剂需要溶剂回收装置, 容易产生污染。另外, 反相悬浮聚合法只能进行间歇性生产, 设备利用率低, 生产效率低。水溶液聚合法以水为溶剂, 生产过程不产生污染, 操作简单。缺点是后处理需增加干燥、粉碎、筛分工序, 产品生产流水线较长。采用该法的厂家有株式会社日本触媒、三洋化成株式会社、德国 Stockhause 化学公司等。我国的高吸水性树脂生产也基本采用该法, 从产品生产过程的环保、工艺的综合考虑, 以水溶液聚合法生产高吸水性树脂比较普遍。

3.6　高吸水性树脂的结构表征

目前, 对高吸水性树脂的结构表征研究手段主要有红外光谱(infrared spectroscopy, IR)、差示扫描量热(differential scanning calorimetry, DSC)、扫描电子显微镜(scanning electron microscope, SEM)、X 射线衍射(X-ray diffraction, XRD)及核磁共振(nuclear magnetic resonance, NMR)等。

（1）红外光谱。利用 IR 对固态样品进检测，能反映出高吸水性树脂结构的化学组成，如主要官能团的类型、结构的键接方式等，通过一些键的吸收峰强度、位置的变化和新峰的出现，判断在合成过程中的反应情况、单体是否聚合或变化等。

（2）示差扫描量热。高吸水性树脂在仪器的程序控制温度下升温，可测量观察热容量的变化，可以得到树脂的玻璃化转变温度（根据溶化热的数值定量计算出可冻结水与冻结水的含量；并且树脂的交联度与琉璃转变温度有密切联系，可以用来表征交联度的变化）。

（3）扫描电子显微镜。观测树脂的微观形态结构特征，如梯段高度、纵横比、粒径分布、孔隙度等，已用于高分子材料结构表征、吸水机理等方面的研究。

（4）X 射线衍射。通过 XRD 分析能够得到晶体结构内部粒子排列方式和结构等，主要用来表征高吸水性树脂与无机物复合前后结构的变化，从而研究复合反应机理。

（5）核磁共振。NMR 可用来表征高吸水性树脂的交联度及水与聚合物的相互作用。

3.7　高吸水性树脂的吸水率及其测定

3.7.1　水在树脂中的不同状态

当高吸水性树脂的表面与水接触时，有三种相互作用：一是水分子与高分子电负性强的氧原子形成氢键结合；二是水分子与疏水基团的相互作用；三是水分子与亲水基团的相互作用。由于高吸水性树脂本身具有的亲水基和疏水基，与水分子相互作用形成自为水合状态。树脂的疏水基部分可因疏水作用而易于折向内侧，形成不溶性的粒状结构，疏水基周围的水分子形成与普通水不同的结构水。用 DSC、NMR 分析高吸水性树脂处于凝胶状态时，存在大量的冻结水和少量的不冻结水，同时发现亲水性水合在分子表面形成厚度为 $0.5 \sim 0.6 \mathrm{nm}$ 的 $2 \sim 3$ 个水分子层。第一层为极性离子基团与水分子通过配位键或者氢键形成的结合水。由此计算，水合水的总量不超过 $6 \sim 8 \mathrm{mol}$ 极性分子。这些水合水的数量与高吸水性树脂的高吸水量相比，相差 $2 \sim 3$ 个数量级。由此可见，高吸水性树脂的吸水主要是靠树脂内部的三维空间网络间的作用，吸收大量的自由水储存在树脂内，即水分子封闭在边长为 $1 \sim 10 \mathrm{nm}$ 的高聚物网络内，这些水的吸附不是纯粹毛细管的吸附，而是高分子网络的物理吸附。这种物理吸附不如化学吸附牢固，仍具有普通水的物理化学性质，只是水分子的运动受到限制。

3.7.2　高吸水性树脂吸水性能的表示

高吸水性树脂的吸水性能是树脂在溶胀形成凝胶后吸收液体的能力,吸水性主要与其化学结构和聚集态中极性基团的分布状态有关,常用吸水率表征。吸水率与聚合物和水的亲和力、基团的极性、被吸收的离子浓度、树脂本身的交联度有关。吸水率是吸液性能的一种,Flory 提出的吸水率关系式可以简化为

$$吸水率 = \frac{离子渗透压 + 对水的亲和力}{交联密度} \tag{3.21}$$

吸液率指 1g 吸收剂所吸收液体的量,其基本公式为

$$吸液率 = \frac{凝胶质量 - 干树脂质量}{干树脂质量} \tag{3.22}$$

或

$$吸液率 = \frac{所吸液体的质量}{干树脂质量} \tag{3.23}$$

吸收的液体若是水、盐水、血液等,则吸收率分别为吸水率、吸盐水率、吸血液率等,单位为 g/g。

3.7.3　高吸水性树脂中不同状态水的测定方法

1. 总水量的测定方法

1)自然过滤法

用减量法称一定质量的高吸水性树脂,并将其放入一定体积的烧杯中,然后用量筒量取一定体积的去离子水加入烧杯中,静置使高吸水性树脂吸水一定时间,然后用自制无缝滤袋将吸水后高吸水性树脂沥水,隔一段时间纪录一次沥出水的体积。

闫辉等[40]等利用自然过滤法对高吸水性树脂吸水率测定方法进行了实验研究,总结了最佳测定条件为:取干树脂质量为 0.3000g,吸水时间为 30min,起始加水量是树脂的 2000 倍,沥水时间为 30min。该方法简单易操作。

2)离心分离法

将一定量的高吸水性树脂加在大量的水溶液中,膨胀后继续离心分离,除去多余的水溶液,这是一种加压去水法。高分子树脂及其形成的凝胶在高速离心时,水因离心力的作用而沉降,而且高吸水性树脂的吸水率受压力的影响小,因此通过高速离心使胶体与多余的溶液分层,胶体强度变大,将离心管倾斜即可很方便地移去上层溶液,称重则可求得吸水率。

3)凝胶烘干法

取少量高吸水性树脂放入一个烧杯中,加入水溶液使之饱和,在一定烘干温

度条件下，烘干至完全干燥后准确称取质量。杨艳春等[41]对此进行了实验探讨。取少量高吸水性树脂使之吸附饱和，取凝胶于一个已知准确称量的 100mL 烧杯中，在精度 0.0001g 的天平上称量凝胶。在一定的烘干温度下，烘至完全干燥后准确称取质量。

$$\text{吸水率}=（\text{凝胶质量}-\text{树脂质量}）/\text{树脂质量} \qquad (3.24)$$

依据该实验，测定聚丙烯酸盐类高吸水性树脂，其烘干温度低于 120℃，可作为其他高吸水性树脂测定吸水率的基准温度。此外，总水量的测定方法还有减压抽滤法、流动法、纸带法、薄片法以及量筒法等。

2. 结合水的测定方法

高吸水性树脂在膨胀时，水在胶体内和外表面溶剂化生成结合水，同时放出热，这是水以一系列分子层在凝胶极性基的力场中，有规则地定向排列起来。溶剂化被结合的水成为结合水，它是以很强的配位键或氢键与聚合物离子相结合的水，又称不冻水，测不出熔点。它有着全新的且为冰所固有的相对介电常数（相对介电常数为 2.2，液态水介电常数为 81），结合水与溶剂化能，即亲水能力有关。高吸水性树脂本身具有亲水基和疏水基，因此疏水基部分可因疏水作用而不易折向内侧形成不溶性的粒状结构，它周围的水分子形成与普通水不同的结构水，即非正常水。它的含量非常小，也属于特殊的结合水。

结合水的测定方法主要有以下四种。

（1）介电法。该法是根据溶剂化结合水的介电常数，以此特性为基础，在一个特殊的仪器——介电计中进行测定。根据这种反常的差别，可以算出结合水的含量。

（2）量热法。溶剂化被结合的水在 0℃时是不结冰的。如果使含有已知总水量的软胶在量热器中冻结，则在理论上可以计算出当所有的水都转变为冰时所应放出的总热量。因为有结合水，实验所给出的是较小的热效应。由此很容易算出结合水的含量。也可以用膨化计来代替量热器，膨化计能够指示出在化软胶凝固时体积的变化。当水变成冰时体积是增加的，因此根据实验和计算出来的膨胀成比例，就可以算出结合水的含量。

（3）膨化热法。吸水剂在膨胀时，有所谓积分膨化热和微化热。积分膨化热指 1g 弹性凝胶膨胀到和该实验条件下相对应的最高极限时，所放出的热量。这个量和上述一样，也可以表征结合水的含量。而微分膨化热表示 1g 水（或任何液体）被吸水剂吸收时所放出的热量。

（4）DSC 法。通过 DSC 分析可测低温时的不冻水含量，即结合水含量。

3. 自由水的测定方法

高吸水性树脂的吸水主要是靠树脂内部三维空间网络间的作用吸收大量的自

由水并贮存在聚合场内，也就是说水分子封闭在边长为 1~10nm 聚合物网络内，这种束缚作用大于液态水间的相互作用，但仍具有普通水的物理化学性质，只是水分子的运动受到限制，因此树脂中的自由水也不易脱离网络而失去。高吸水性树脂在膨胀时与水结合成自由水，不放出热量，它在 0℃时能结成冰。高吸水性树脂主要吸收的就是自由水。自由水的测定可间接进行，可用量热法、膨化热法等测定结合水，再用膨胀力和吸引力的吸收能力测定法测出总的吸水量，然后通过总的吸水量减去结合水的含量，即可求得树脂中自由水的含量。

3.7.4　自然过滤法测定高吸水性树脂吸水率及其条件

我国研究者对高吸水性树脂做过多方面的研究，但迄今为止，对于其吸水率的测定方法和测定条件仍没有一个统一标准，致使各类高吸水性树脂之间的性能优劣无法进行比较。吸水率的一般测定方法有过筛法、水层高度法、茶袋法和自然过滤法等，通常采用自然过滤法测定高吸水性树脂的吸水率。

1. 自然过滤法测定吸水率的公式

用减量法称取一定质量的高吸水性树脂，并将其放入一定体积的烧杯中，然后用量筒量取一定体积的去离子水加入烧杯中，静置使高吸水性树脂吸水一定时间溶胀，然后用无缝滤袋将吸水后的树脂沥水，根据沥出水的体积（换算成水的质量）计算其吸水率。吸水率计算公式为

$$吸水率 = \frac{起始加水的质量 - 沥出水质量}{干树脂质量} \tag{3.25}$$

2. 影响吸水率的因素及测定条件

影响高吸水性树脂吸水率的因素很多，但对于同一树脂，影响因素主要有树脂粒子直径、滤网网孔尺寸、树脂质量、吸水时间、起始加水量以及沥水时间。

（1）树脂粒子直径。粒子的体积越小，其比表面积就越大，吸水速度也就越快，达到吸水平衡所需要的时间也就越短。通过实验发现，直径大于 380μm 的粒子，由于其比表面积较小，吸水速度较慢，并且由于粒子的直径过大，使高吸水性树脂的交联网络不能完全伸展，测得的吸水率下降；直径小于 250μm 的粒子，在加水时，易发生黏结，形成团状物，严重影响吸水速度和吸水率，并且在这个粒径范围内的粒子中，微粒占的比例较大，其在吸水后的体积仍较小，容易从滤布沥出，使得所测出的吸水率小于实际吸水率。因此，应选用 250~380μm 的粒子测定高吸水性树脂的吸水率。

（2）滤网网孔尺寸。树脂吸水后呈凝胶状，过滤时，若滤网网孔尺寸过大，常出现较严重的漏滤现象，使滤液黏度较大，测定的吸水率偏低。若网孔尺寸过

小，虽漏滤现象减轻，但过滤时间过长给吸水率的测定带来不便。李雅丽等[42]通过实验发现对粒度为 450～560μm 树脂样品，采用网孔尺寸 900μm 滤网过滤时滤液黏度较高；滤网网孔尺寸减小至 450μm 以下时，滤液黏度变化不显著。网孔尺寸减小到 125μm 以下时，虽黏度有所下降，但过滤时间过长，有时达数小时之久。综合考虑滤液黏度与过滤时间两种因素，应选网孔尺寸为 180～280μm 的滤网为宜。

（3）树脂质量。高吸水性树脂具有折叠的网状结构。遇到水时首先是表面的亲水基团和水分子形成氢键，高分子网络随之扩展，亲水性的离子基团水解成可移动的离子，高分子网络内外由于离子浓度差而产生渗透压，在渗透压差作用下，水分子向网络中渗透成为自由水，同时自由水又与内部亲水基团形成氢键，使水解产生渗透压，分子网络进一步扩展，水可不断进入树脂网络结构中，高分子在水中伸展的程度越大，吸水率越大。实验表明，加水量为 500mL 时，若树脂质量大于 0.3g，测出吸水率偏低。这是因为树脂的高分子网络由于水量不足在水中不能充分伸展所致，所以树脂用量不能大于 0.3g。

（4）加水量。树脂本身的低交联网络结构及氢键结合，限制了其一定的吸水能力。当加水量充分时，高分子才能充分伸展，加水量足够多时吸水率无明显变化。由实验结果可知，加水量至少为 500mL。

（5）吸水时间。高吸水性树脂吸水的过程是一个物理-化学过程。不同类型的高吸水性树脂有不同的吸水速度，因此吸水时间对其吸水率有较大的影响。淀粉接枝丙烯酸高吸水性树脂是一类交联型高分子电解质，其吸水溶胀过程是两种吸水平衡的相互作用：一方面，高分子网络全部伸展开，吸水率达最大；另一方面，当高分子网络内外渗透压相等时，树脂停止吸水达到平衡。该类树脂属离子型树脂，其吸水速度较慢，因此达到饱和吸水量需数小时。实验表明，树脂在初期吸水速度较快，吸水率急剧增大，达 2h 后吸水速度比较缓慢，基本达到饱和吸水量，以后再延长吸水时间，吸水率不再变化，因此确定该类树脂饱和吸水时间为 2h 左右。

（6）沥水时间。取一定量树脂充分吸水 2h 后过滤网，经不同的沥水时间，迅速、连续测定沥出水的质量，并计算吸水率。通过讨论树脂吸水率与沥水时间的关系可见，沥水时间过短，未被吸收的水不能完全沥出，使吸水率偏高。沥水约 50min 后吸水率不再变化，吸水率趋近一个极限值。这是因为形成的低交联网络结构阻碍了分子进一步的扩散，水分子被束缚在高分子凝胶中，这种束缚作用大于分子间的作用力，使水分子不易失去而起到保水作用。沥水时间过长，对吸水率的测定没有现实意义，因此确定沥水时间为 50min 左右时较为适宜。

综上所述，高吸水性树脂吸水率较佳的测定条件为：树脂粒子直径为 250～380μm，滤网袋网孔尺寸为 180～280μm，树脂质量为 0.30g，起始加水量为 500mL 左右，吸水时间为 2h，沥水时间为 30min。

参 考 文 献

[1] 邹新禧. 超强吸水剂[M]. 2 版. 北京: 化学工业出版社, 2002.

[2] 周翼. 高分子材料基础[M]. 北京: 国防工业出版社, 2007.

[3] 韩玉贵, 赵艳茹, 祝仰文, 等. 反相乳液法制备水溶性聚合物的研究[J]. 精细石油化工进展, 2006, 7(9): 28-31.

[4] 崔天放, 牛胜军. 高吸水性树脂的制备及应用[J]. 辽宁化工, 1999, 28(4): 226-228.

[5] 易昌凤, 邓字巍, 徐祖顺. 微波辐射用于聚合反应的研究进展[J]. 高分子通报, 2004, (1): 30-35.

[6] 邢传波, 赵士贵. 丙烯酸型高吸水性树脂的制备及研究进展[J]. 合成技术及应用, 2007, 22(4): 45-47.

[7] 陈宗淇, 王光信, 徐桂英. 胶体与界面化学[M]. 北京: 高等教育出版社, 2001.

[8] 吴伍涛, 罗跃, 朱江林, 反相乳液聚合法合成聚丙烯酰胺的研究[J]. 精细石油化工进展, 2007, 8(7): 26-28, 39.

[9] 曹会兰, 李雅丽. 吸水性淀粉接枝共聚树脂的研究进展及应用[J]. 应用化工, 2003, 32(1): 12-14.

[10] LEPOUTRE P F, HUI S H, ROBERTSON A A. The water absorbency of hydrolyzed polyacrlonitrile-grafted cellulose fibers[J]. Journal of applied polymer science, 1973, 17(10): 3143-3156.

[11] 高洁, 汤烈贵. 纤维素科学[M]. 北京: 科学出版社, 1999.

[12] 王俊, 姚评佳, 吕鸣群, 等. 丙烯酸与 CMC 在 ^{60}Co 辐照下的接枝聚合反应[J]. 广西大学学报(自然科学版), 2002, 27(4): 305-308.

[13] 林曼斌, 高玉会. 微波合成高吸水性树脂的研究[J]. 吉林化工学院学报, 2004, 21(1): 45-48.

[14] 苏茂尧, 高洸, 施露明. 纤维状纤维素高吸附材料制备工艺的研究[J]. 纤维素科学与技术, 1994, 2(1): 39-46.

[15] 苏茂尧, 楼可燕, 李细林, 等. 纤维素醚经 MBAA 交联制备高吸水材料的研究[J]. 精细石油化工, 1995, (5): 52-56.

[16] 高洸, 苏茂尧, 施露明. 纤维状纤维素高吸附材料结构性能的研究[J]. 纤维素科学与技术, 1995, 3(2): 33-40.

[17] LIM D W, SONG K G, YOON K J, et al. Synthesis of acrylic acid-based superabsorbent interpenetrated with sodium PVA sulfate using inverse-emulsion polymerization[J]. European polymer journal, 2002, 38(3): 579-586.

[18] LIM K Y, YOON K J, KIM B C. Highly absorbable lyocell fiber spun from celluloses/hydrolyzed starch-g-PAN solution in NMMO monohydrate[J]. European polymer journal, 2003, 39(11): 2115-2120.

[19] NADA A M A, HASSAN M L. Thermal behavior of cellulose and some cellulose derivatives[J]. Polymer degradation and stability, 2000, 67(1): 111-115.

[20] 林松柏, 萧聪明. 纤维素接枝丙烯腈制高吸水树脂研究[J]. 华侨大学学报(自然科学版), 1998, 19(1): 27-30.

[21] LOKHANDE H T, VARADARAJAN P V. A new approach in the production of non-wood-based cellulosic superabsorbents through the PAN grafting method[J]. Bioresource technology, 1993, 45(3): 161-165.

[22] LOKHANDE H T, GOTMARE V D. Utilization of textile loomwaste as a highly absorbent polymer through graft co-polymerization[J]. Bioresource technology, 1999, 68(3): 283-286.

[23] 郑彤, 王鹏, 张志谦, 等. 纤维素接枝丙烯酸制备高吸水树脂及树脂保水性能的研究[J]. 哈尔滨商业大学学报(自然科学版), 2002, 18(2): 192-196.

[24] 宋荣钊, 陈玉放, 潘松汉, 等. 超细纤维素与丙烯酸接枝共聚反应规律的研究[J]. 纤维素科学与技术, 2001, 9(4): 11-16.

[25] 潘松汉, 宋荣钊, 曾梅珍. 超细纤维素高吸水材料制备研究[J]. 纤维素科学与技术, 1999, 7(1): 23-26.

[26] 刘淑娟, 于善普, 张桂霞. 过氧化氢/水体系中纤维素非均相接枝制备高吸水材料[J]. 弹性体, 2003, 13(2): 30-33.

[27] 刘玉勇, 刘淑娟, 于善普. 纤维素非均相接枝丙烯酸制备吸水材料[J]. 纤维素科学与技术, 2003, 11(4): 41-45.

[28] 刘玉勇, 刘淑娟, 丁善普. 纤维素非均相接枝丙烯酸制备超吸水材料[J]. 化学推进剂与高分子材料, 2003, 19(5): 15-17.

[29] 赵宝秀, 王鹏, 郑彤, 等. 微波辐射纤维素基高吸水树脂的合成工艺及性能[J]. 高分子材料科学与工程, 2005, 21(4): 134-136.

[30] 孙晓然, 单忠键. 微波辐射合成耐盐性羟乙基纤维素高吸水性树脂[J]. 化工新型材料, 2008, 36(1): 82-84.

[31] 邹新禧. 高分子超强吸水剂[I]——均聚丙烯酸盐的性能研究[J]. 湘潭大学自然科学学报, 1984, (1): 94-99.

[32] 朴相範, 森田光博, 坂田功. 吸水-吸湿性材料[J]. 木材学会誌, 1991, 37(11): 1056-1062.

[33] 刘艳三, 邹新禧. 纸浆纤维聚丙烯酰胺接枝水解物吸水材料的研究[J]. 化学世界, 1999, (1): 30-34.

[34] 林松柏, 林建明, 吴季怀, 等. 纤维素接枝丙烯酰胺/高岭土高吸水性复合材料研究[J]. 矿物学报, 2002, 22(4): 299-402.

[35] 杨连利, 王晓玲, 白国强. 纸浆接枝改性制备高吸水性树脂的研究[J]. 咸阳师范学院学报, 2004, 19(2): 33-36.

[36] 周明, 蒲万芬, 杨燕, 等. 纤维素/AM/AA 接枝高吸水树脂的反应机理及表征[J]. 西南石油学院学报, 2003, 25(5): 64-67.

[37] 李建成, 李仲谨, 白国强, 等. 羧甲基纤维素及多元接枝高吸水树脂的制备[J]. 中国造纸, 2004, 23(2): 17-20.

[38] 马凤国, 宋毅, 多英全, 等. 羧甲基纤维素与丙烯酸和丙烯酰胺共聚接枝研究[J]. 高分子材料科学与工程, 2003, 19(1): 81-84.

[39] 肖春妹, 林松柏, 萧聪明, 等. 水溶液法合成 HEC-g-(AM-AA)/SiO$_2$ 高吸水性树脂[J]. 化工新型材料, 2004, 32(7): 20-23.

[40] 闫辉, 张丽华, 周秀苗. 高吸水性树脂吸水率过滤法测定条件的标准化研究[J]. 应用化工, 2001, 30(2): 38-41.

[41] 杨艳春, 于秦, 王志成, 等. 高吸水性树脂吸水能力的测定方法探测[J]. 河南化工, 1999, (2): 29-30.

[42] 李雅丽, 程新慧, 董利娃. 高吸水性树脂吸水率测定条件的研究[J]. 化工科技, 2003, 11(5): 18-20.

第4章　高吸水性树脂作为土壤保水剂的特性及应用

　　土壤作为农业生产的基地和基本生产资料,其重要性是显而易见的。土壤是植物生长的载体,能提供给植物大部分生命必须元素。植物生长所需的水分、养分主要是通过根系从土壤中吸收的。通常,干旱分为土壤干旱和气候干旱两类。土壤干旱是指土壤水分不足,大气干旱通常是指空气相对湿度低,两者都会对植物的生长发育带来严重影响。由于作业地域广阔,加上经济条件的限制,一时还很难加对大气干旱以控制,人们的注意力主要集中于防止和克服土壤干旱。灌溉是增加土壤水分的常用方法,但由于一般土壤的持水能力低,且容易蒸发,大量宝贵的水分只是把土壤作为一个短暂停留的"旅站"而迅速丧失,作物本身利用的不多。而且,灌溉作为改善土壤水分供应的一项措施,投资多,成本高,受水源、地形等条件限制,特别是山地条件普遍采用困难很大。为增加土壤的持水力和保水力,以改善水分不足地区的作物栽培条件,土壤保水剂就是一种开发的土壤结构改良物质。

4.1　土壤保水剂的类型、主要成分和发展

4.1.1　我国水资源现状与农业节水技术

1. 干旱缺水是我国农业发展面临的重大问题

　　我国是世界上水资源严重紧缺的国家之一,全国水资源总量为 2.8 万亿 m^3,仅占世界的 6%;我国人均水资源占有量为 $2200m^3$,是世界平均水平的 1/4,居世界第 119 位,被列为世界上最缺水的 13 个国家之一[1]。近年来,随着城市和工农业的迅速发展,我国水资源供需矛盾更加突出。目前,我国单位耕地灌溉面积的水资源量仅为世界平均水平的 19%,约有 0.07 亿 hm^2,灌溉面积由于缺水得不到有效灌溉,每年农业灌溉缺水 300 亿～400 亿 m^3,干旱缺水已成为威胁粮食安全,制约农业可持续发展的主要限制因素[2]。

　　据分析,干旱缺水已成为我国北方地区,特别是占全国耕地面积34%的西北和华北地区农业发展的最大障碍,我国北方地区被联合国粮食及农业组织认为是全世界最严重缺水的地区之一。在我国广阔的西部地区,水资源与生产发展不相适应的程度突出,土地沙漠化趋势日趋严重,尤其是西北干旱的新疆、青海、甘肃、宁夏、

内蒙古、陕西北部和山西北部等地的大面积戈壁滩和干旱土地，由于降水量极低，农作物种类极度单调。水资源短缺已成为制约当地经济社会发展的最大因素。我国在水资源严重不足的同时，农业用水浪费相当惊人。一是灌溉水的利用效率低，渠灌区系损失达到50%～60%，井灌区水损失达40%，浪费极为严重；二是自然降水利用率低，我国主要依靠降水灌溉的旱区农业约有8000万 hm²，70%分布在降水量为250～600mm 的北方地区，由于粗放经营，农田对自然降水的利用率只有56%，而这其中26%的降水消散于田间的无效蒸发；三是农业用水的效率不高。因此，无论是灌区还是旱作区，节约灌溉水与充分利用降水同样重要，其共同点都是要以有限的用水量获取最大或最佳的产量水平，即作物产量和水分利用效率（water use efficiency，WUE）达到协调统一，这也是当代节水农业解决的中心问题。

　　2. 应用化学节水技术是农业节水的一个重要途径

　　节水农业以节约农业用水为中心，其核心是在有限的水资源条件下，通过对水资源的合理开发利用，采用先进的水利工程技术、适宜的农业技术和用水管理技术等综合技术措施，充分提高农田用水的利用率和水分生产率及效益，保证农业持续稳定发展。目前的节水技术主要包括农业水资源合理开发利用技术、节水灌溉工程技术、农业节水技术、化学制剂保水节水技术和节水管理技术等[3]。近几年来，化学制剂保水节水技术的快速发展以及在农业上的重要作用使其日益受到重视，该技术通过合理施用保水剂、抗旱剂和蒸发抑制剂等化学制剂，减少作物生长发育过程中棵间蒸发和过度蒸腾对水分的无效消耗，促进作物根系发育，提高对土壤深层储水的利用，以达到调控农田水分和作物耗水，增强作物的抗旱能力，最终提高 WUE 的目的[4]。各类化学制剂中保水剂的使用最为引人注目。保水剂是具有超强吸水能力的高分子聚合物，能吸收自身重量几百倍甚至上千倍的水分。由于分子结构交联，分子网络所吸水分不能用一般物理方法挤出，因此具有很强的保水性。农用保水剂以其高度溶胀能力，对土壤结构的改良，水分的吸收、保持以及对农药、肥料的缓释作用，在国内外逐渐得到广泛应用。国际上普遍认为保水剂是继化肥、农药、地膜之后第四大农用化学制品。因此，进一步开发多功能的保水剂，深入研究正确使用保水剂，改善保水剂性能，实施高效节水农业具有极其重大的理论价值和现实意义[5-7]。

4.1.2　土壤保水剂类型及其主要成分

　　高吸水性树脂以其吸水和释水的特性应用在工业、食品、生活用品等各个领域，在农林上使用的高吸水性树脂称为保水剂。由于高吸水性树脂品种甚多，原料不同，制法各异，组成了保水剂的庞大家族，冠以各种名称，如超吸水树脂、土壤保水剂、超强吸水剂、抗旱保水剂等。

近年来，超强吸水性树脂发展很快，种类繁多，一些化学节水保水和环境保护技术都属于保水剂在农业、医药、建筑、工业、日用化工以及食品等方面的应用。积极开发农用保水剂制备技术，发展节水保水农业，提高水资源利用率，是保护生态、解决农业干旱缺水问题的有效途径。

由于所用原料、产品形态、亲水基团种类以及亲水性的不同，保水剂具有很多不同类型的产品。从形态方面来看，有片状、纤维状、粉末状、薄膜状和颗粒状保水剂。从原料方面来看，有合成树脂类、纤维类、淀粉类、蛋白质类和其他天然物及衍生物类保水剂。从亲水性方面来看，有疏水性聚合物的羧甲基化反应、亲水性单体的聚合、疏水性聚合物接枝聚合亲水性单体、含乙酸基和酰胺基的高分子水解反应。从亲水基团种类来看，有非离子系、阳离子系、阴离子系、两性离子系和多亲水基团系列等保水剂。

从化学组成上，一般土壤保水剂为交联聚丙烯酸盐，以钠盐为主，主要应用于卫生领域。目前，国际上保水剂共分两大类，一类是丙烯酰胺-丙烯酸盐共聚交联物（简称聚丙烯胺型），另一类是淀粉-丙烯酸盐接枝共聚交联物（简称淀粉接枝型），包括聚丙烯酸钠、聚丙烯酸钾、聚丙烯酸胺和淀粉接枝丙烯酸盐等[8]。

（1）丙烯酰胺-丙烯酸盐共聚交联物。该产品呈白色颗粒晶体状，主要成分为：丙烯酰胺（65%～66%）、丙烯酸钾（23%～24%）、水（10%）和交联剂（0.5%～1.0%）。在国际上，法国、德国、日本、美国和比利时等国所生产的土壤保水剂大多属于这类产品。聚丙烯酰胺型保水剂生产成本高，吸水率和速率也不如后者，但稳定性好，凝胶强度高，寿命长，颗粒状产品在土壤中的蓄水保墒能力可维持4～5年，是发达国家保水剂主导产品，很适合于林业上使用，如盆栽花卉、庭院美化、草坪、荒矿复垦、道路建设和植树造林等。

（2）淀粉-丙烯酸盐接枝共聚交联物。该产品为白色或淡黄色颗粒晶状体，主要成分为：淀粉（18%～27%）、丙烯酸盐（62%～71%）、水（10%）和交联剂（0.5%～1.0%）。聚丙烯酸盐中，如果聚合单体是钠型，长期使用会造成土壤中钠离子含量的递增，使土壤板结，对植物生长不利。因此，农业用保水剂的生产厂家大多改为生产聚丙烯酸钾或聚丙烯酰胺。

淀粉接枝型保水剂使用寿命最多能维持1～2年，但吸水率和吸水速度等性状极佳。此类保水剂含有一定淀粉，易发霉和降解，但成本低，一般适合于育苗或种子包衣、根部涂层蘸根等。

4.1.3　土壤保水剂的发展情况

1. 国外土壤保水剂发展状况

最早研发使用保水剂的是美国。1975 年美国研究开发成功淀粉-聚丙烯腈系土壤保水剂并进入市场，从此 SAP 便逐渐形成一个独立新兴的科研领域。日本三洋化成公司考虑到丙烯腈单体残留在聚合物中有毒、不安全，1975 年成功开发淀粉-聚丙烯酸接枝共聚物，并在 1978 年开始工业化生产。由于该产品成本低，毒性低，成为淀粉类高吸水保水性树脂的主导产品。20 世纪 70 年代末，美国 UCC公司用放射法处理交联各种氧化烯烃聚合物，合成具有耐盐性的非离子型 SAP。80 年代开始出现用其他天然化合物、衍生物经化学反应制备的合成超强吸水性树脂，进一步研究将 SAP 与其他材料复合，有效地改善 SAP 的耐盐性、凝胶强度、热稳定性和保水性等性能，使有机-无机复合材料得到迅速发展[9]。

1985 年，世界生产保水剂的主要公司只有 13 家，至 1995 年国外研究和生产的公司竟达近 50 家。目前，世界保水剂年生产能力已近 200 万 t。近年来，具有保水、释水、保肥和生化营养功能的低成本多功能及绿色环保新型保水剂的研究也逐渐深入[10]。

2000 年，全世界 SAP 生产能力已超过 1000 万 t/a，并以 7%～8%的速度递增。从 2000 年 6 月起，美国凯姆代尔公司与巴斯夫合并，成为世界最大的 SAP 生产厂家，合并后产量占世界总产量的 24%，德国斯托克豪森公司占 22%，株式会社日本触媒占 18%，美国道化学公司占 11%。目前主要的产区在美国、西欧和日本。

2. 国内土壤保水剂发展状况

我国于 20 世纪 60 年代后期，在抑制蒸腾方面做了大量的研究工作，并研制出"土面增温剂"和"保墒增温剂"，其抑制和增温效果已达国际先进水平。70年代末，从风化煤中提取的黄腐酸是一种极好的调节植物生长的抗蒸腾剂，这些研究为后来土壤保水剂的开发起到非常积极的作用。

我国土壤保水剂的开发与研制始于 20 世纪 80 年代，但发展速度较快[11]。到1996 年已有 40 多个单位进行研制，开发出了多种类型的土壤保水剂，但产品生产还比较落后，总产量不过 1000t。主要研制开发产品有：80 年代初，北京化学纤维研究所研制成功 SA 型土壤保水剂，中国科学院兰州化学物理研究所研制成LPA 型土壤保水剂，中国科学院化学研究所以及中国科学院长春应用化学研究所也分别研制了 KH841 型和 IAC-13 型土壤保水剂，并陆续应用于农林生产领域，但均未进行批量生产。90 年代以来，化学节水技术的研究和应用已被列入国家科技攻关计划，并取得了重大进展，研制出四种保水种衣剂、抑制蒸腾剂（抗旱剂、黄腐酸抗旱剂等）和土壤保墒剂。1998 年，河北省保定市科瀚树脂公司科技人员采用生物实验技术研制成功"科瀚 98"系列高效抗旱保水剂，该产品吸水率高，有颗粒型和凝胶型两种剂型。到 2000 年，"科瀚 98"高效抗旱保水剂形成了年产 3000t 的生产能力，正向年产 3 万 t 的目标迈进。唐山博亚高效抗旱保水剂、"永泰田"保水剂等新型保水剂产品也已投入工业化生产，陕西省杨凌惠中科技开发公司研制出吸水率达 1500 倍的保水剂，并投入小批量生产。青岛开达公司研制的 KD-1 型吸水树脂保水剂，已被列入国家级火炬计划。我国土壤保水剂生产的一个重要趋势是向复合化，多功能化方向发展。2000 年，吉林工学院（现为长春工业大学）化工系与长春市君子兰工业集团公司联合开发出一种有机保水剂，该保水剂无色、无味、无毒，以玉米淀粉为主要原料制成。另外，一种被命名为"林草易植活"的集抗旱保墒、防病治虫、补肥增效为一体的稀土型抗旱土壤保水剂目前也在内蒙古包头稀土研究院问世。该抗旱土壤保水剂的最大特点是不仅含有新型高分子保水成分，还有植物生长过程中不可缺失的氮磷钾以及多种微量元素和稀土元素。

从总体发展趋势看，土壤保水剂应用技术推广速度还相当缓慢，主要原因有：对土壤保水剂在农业生产领域的重要作用没有充分认识，认为成本高，抗旱作用有限；对土壤保水剂的性能、开发和应用缺乏更深的了解；技术推广体制和机制方面的一些问题暂时难以解决。

4.2 土壤保水剂的吸水机理和特性

4.2.1 土壤保水剂的吸水机理

保水剂分子一般是含有极性基团的三维空间网络结构分子，具有一定的交联度。在网络结构上有许多亲水性基团，如羧酸（盐）基、磺酸（盐）基、叔胺基、季铵基、羟基、酰胺基和醚基等。若亲水性基团是离子型，当其与水接触时，发生解离，并与水分子结合形成氢键，从而能够吸持大量的水分。此外，由于网络结构上的阴（阳）离子间存在静电斥力使其扩张，解离出的阳（阴）离子是移动的，为了维持电中性，移动的阳（阴）离子不能自由地向外部溶剂扩散，导致树脂网络内外形成浓度差，产生渗透压，使外部水分不断进入内部，就可以吸收大量水分。

土壤保水剂的组成不同，其吸水机理也不同。对于合成系的保水剂来说，主要靠渗透压来完成吸水过程的。从化学结构上来看，保水剂分子的主链或者侧链上，有许多亲水性基团，如—OH、—COOH、—CONH$_2$ 等。在物理结构上，保水剂具有低交联度的三维网络，有复杂的多极空间结构，是一种不溶于水的高分子聚合物，使水溶性聚合物在一定条件下接枝、共聚、交联，形成不溶于水，但能高度溶胀的聚合物，通过交联在保水剂内部形成三维空间网状结构，其分子中含有大量的羧基（—COO$^-$）、羟基（—OH）等强亲水性官能团。聚合物在未接触水之前是固态网束，当高分子束与水接触后，强亲水性基团与水分子发生水合作用，使高分子束张展，产生了三维空间网内外离子的浓度差，从而造成了网状结构内外的渗透压，水分子在渗透压的作用下向网结构内渗透。保水剂吸水过程示意图见图 4.1。保水剂的生产是以水溶性单体为主体进行聚合，得到水溶性骨架。聚合物分子的主链上含有适量的羧基阴离子(—COO$^-$)或季铵盐等阳离子亲水基。亲水基、疏水基和水分子相互作用形成自由水合状态。例如，水分子和金属离子形成配位水合，水分子与高分子化合物电负性极强的氧原子形成氢键结合，再通过分子之间的交联聚合形成 T 型网状结构（图 4.2）。这些聚合物制成的颗粒在接触水时会迅速吸收水分成为凝胶，体积大幅度膨胀。一般聚合物的溶解过程可分为溶胀和溶解两个阶段，但保水剂分子的特殊性在于经交联形成的网状结构仅使之发生溶胀，不发生溶解。当保水剂与水混合时，依靠—COO$^-$、—OH 基团的亲水性以及 Na$^+$在水与保水剂的界面上产生的渗透作用吸收大量的水。

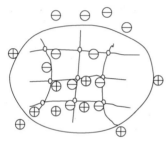

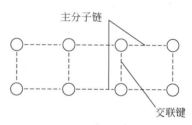

图 4.1　保水剂吸水过程示意图　　　　图 4.2　保水剂分子交联结构示意图

　　土壤保水剂与水充分接触时，首先进行的是水的吸附过程。在初始阶段，树脂吸水是通过毛细管吸附和分散作用来实现的，吸水速率很低。然后在水分子作用下，保水剂分子表面的亲水性基团电离并与水分子结合成氢键，通过这种方式固定了一定量的水分。电离作用使得分子链上都带有负电荷，电性相排斥引起分子结构的膨胀，电离出的阳离子也在分子内和分子外产生渗透压差。在两者的共同作用下，外部水分进一步进入分子内部，在分子网状结构的网眼内贮存起来[12]。保水剂分子具有一定的交联度，分子吸水膨胀，产生收缩压，当膨胀压和收缩压平衡时，就形成了有弹性的饱和凝胶。吸水过程中既有物理吸附，又有化学吸附作用，在凝胶中所吸持的水分，一部分是与保水剂分子的极性离子基团通过配位键或氢键形成的结合水，这部分水分子在分子链极性场作用下，有规律地定向排列，自由能较低，成为不活动水。其余被吸收的大量水分，被封闭在边长为 1～10nm 的高聚物网络内，受到高分子网络的物理吸附作用，具有普通水的物理化学性质，只是水分子的运动受到了一定的限制。结合水与被贮存的自由水在量上相差 2～3 个数量级。

　　土壤保水剂同时具有线型和体型两种结构，由于链与链间的轻度交联，线型部分可自由伸缩，体型结构使之具有一定的强度，不能无限制伸缩。因此，保水剂在水中只膨胀成凝胶而不溶解。当凝胶中的水分释放殆尽后，只要分子链未被破坏，吸水能力仍可恢复。当保水剂吸收的水中含有盐离子时，导致渗透压降低，则使保水剂吸水能力降低。

4.2.2 土壤保水剂的分子结构与持水特性

　　土壤保水剂所吸收的水，主要是被高分子内或高分子间的分子网空间所束缚的自由水。水分子被封存在边长 $10\sim100\text{Å}$ 高分子网内，但被束缚的水分子仍具有普通水的物理化学性质，只是由于高分子网结构的束缚作用使水分子运动受到了限制（图 4.3）。在高吸水树脂内部，高分子电解质的离子间相斥作用（渗透压作用）使分子扩大，而交联作用使水凝胶具有一定的强度（橡胶弹性力），当二者达到平衡时，保水剂吸水达到饱和，此时的吸水量即为吸水率。保水剂还具有反复吸水功能，释水后变为固态或颗粒，再吸水又膨胀为凝胶。在一定温度下蒸发或施加一定的压力时，凝胶收缩逐步恢复原状，再吸水时又膨胀，释水时收缩，由于保水剂分子结构内部具有一定的交联结构和氢键，吸水时分子不会无限扩张。

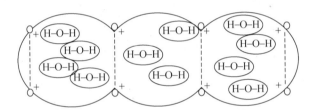

图 4.3　保水剂的分子结构与吸水的关系

　　保水剂吸水速度快，但释水缓慢，所吸持的水分在机械压力下也不易失去。而且吸水、释水过程可以反复进行。在室温下，让吸饱水的土壤保水剂进行自然蒸发，当达到平衡时，需要十几天甚至几十天，而且它所持有的水分对农作物的有效性较高。据测定，保水剂所吸持的水分中有 $85\%\sim90\%$ 是自由水。当环境水分充足时，保水剂可以从环境中吸收大量水分保存起来，从而加快地面水分入渗，减少地表径流。当植物和土壤水分缺乏时，其所吸持的水分可以逐渐地释放出来供植物吸收使用。保水剂所吸持的水分向周围土壤输送的速度和量，主要取决于周围土壤的水势梯度、水分传导能力以及土壤保水剂的释水特性。

4.2.3 土壤保水剂的主要性质

　　（1）吸水性。由于保水剂分子中含有大量的亲水基团，这些亲水基团遇水离解，使保水剂的吸水能力大，吸水速度快。保水剂的吸水率一般为自身质量的几十倍、几百倍甚至几千倍。离子型保水剂达到饱和需几小时到几十小时，半小时左右可达饱和吸水量的 $1/2$；非离子型保水剂达到饱和只需 $2\sim6\text{min}$，几秒钟至 2min 可达到饱和吸水量的 $1/2$ 以上。

（2）保水性。由于保水剂的三维网状结构，使所吸水分被固定在网络空间内，吸水后保水剂变为水凝胶，其吸收的水分在自然条件下蒸发速度很慢，而且加压也不易离析。

（3）持效性。由于保水剂的高分子聚集态，使保水剂具有反复吸水功能，即吸水—释水—干燥—再吸水。据室内测定，保水剂经过多次反复吸水，一般吸水倍数下降 50%～70%后而趋于稳定，有的品种甚至失去了吸水功能。保水剂的有效持续性与其本身性质、土壤质地及用量有关。

（4）安全性。保水剂的水溶液呈弱酸性或弱碱性，无刺激性。经大量农业试验证明，用于农林业方面的保水剂不会改变土壤的酸碱度。

（5）保温性。保水剂所吸水分分散在保水剂内部，该部分水分可保持白天光照产生的部分热能，从而调节夜间温度，使土壤的昼夜温差减小，有利于植物生长。

（6）保蓄养分性。保水剂表面分子有吸附、离子交换作用，保水剂对 K^+、NH_4^+ 和 NO_3^- 有较强的吸附作用，从而降低其流失量，并且在一定的范围内随着保水剂用量的增加，养分流失量减少。一方面，在土壤中养分较充分时，保水剂吸附养分，起保蓄作用；另一方面，当植物生长需要土壤供给养分时，保水剂将其吸附的养分通过交换作用供给植物。由此可以看出，通过施用土壤保水剂，使土壤中养分的供给与植物对养分的需求更加同步。

但需注意的是，肥料中的有些元素会使保水剂失去亲水性，降低保水能力，经试验验证，保水剂不能与含锌、锰、镁等肥料混用，可与硼、钾、氮肥混用。

（7）改善土壤结构性。保水剂施入土壤中，随着其吸水膨胀和失水收缩的规律性变化，可使周围土壤由紧实变为疏松，孔隙增大，从而在一定程度上使土壤的通透状况得到改善。实验表明，保水剂对土壤团粒结构的形成有促进作用，特别是土壤中 0.5～5mm 粒径的团粒结构增加显著。同时，随着土壤保水剂含量的增加，土壤中大于 1mm 的大团聚体胶结状态较多，这对稳定土壤结构，改善通透性，防止表土结皮，减少土面水分蒸发有重要作用。

保水剂对改善土壤物理性质，增强土壤的吸水、保水和保肥能力，促进作物生长发育有着十分重要的影响，因此保水剂在节水农业中具有巨大的开发潜力和广阔的应用前景。保水剂有可能成为继化肥、农药、地膜之后又一个对农作物起重要作用的一种化学制品。通过对保水剂在农业上应用技术及其效应的研究，将会形成一套以保水剂应用为中心的保水节水技术体系，对于缓解水资源紧缺矛盾，提高水肥利用效率，促进旱作农业的发展有着极其重要的意义。

4.3　土壤保水剂的吸水性能及 pH 与盐的影响

保水剂的吸水性能主要包括吸水性和保水剂的持效性。吸水性的主要参考指标有吸水率、吸水速率和吸水强度。

4.3.1 吸水率

保水剂的吸水率是指单位质量干保水剂的最大吸水量，即保水剂充分吸水后所吸收水分的质量与干保水剂质量的比值，一般用"g 水/g 干保水剂"表示，简写为"g/g"。吸水率是评价一种保水剂好坏的主要指标，保水剂吸水率达 100g/g 左右可用于农林业生产。保水剂的吸水率与其组分、交联度、水质以及环境条件有密切关系。对于淀粉接枝丙烯酰盐共聚交联物类型的保水剂，其吸水率远远大于丙烯酰胺-丙烯酸盐共聚交联物类型的。对于相同组成成分的保水剂，其交联度越高，网孔结构所占比例越小，亲水基团越少，吸水率越低；反之，其交联度越低，吸水率越高。但是，不能为了追求高吸水率，而一味降低其交联度，否则，单体就不能聚合或不能很好地聚合。

目前，许多发达国家正在研制使用周期较长的保水剂，而并不追求很高的吸水率。水质对保水剂吸水率的影响主要有两个方面：一方面是水溶液的 pH；另一方面是水溶液中的含盐量。

1. 水溶液 pH 对保水剂吸水率的影响

每个品种的保水剂在不同 pH 下其吸水率不同，即使同一种保水剂在不同 pH 下的吸水率也不一样。如图 4.4 所示，保水剂在不同 pH 下吸水率是不同的，大多在 pH 为 7.0 情况下吸水率最大，在 pH>7 或 pH<7 时呈下降趋势。说明它们大都受酸碱性的影响，而且酸性或碱性越强，对吸水率影响越大。

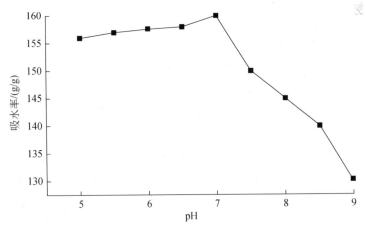

图 4.4　保水剂在不同 pH 下的吸水率

2. 水溶液的含盐量对保水剂吸水率的影响

水溶液中含盐量，尤其是二价和三价阳离子含量对保水剂的吸水率影响非常大，吸水率会随着含盐量的增加而显著降低。因此，同一种保水剂在去离子水中吸水率一般是最大的，而与其他物质（如肥料、农药、微量元素等）混施后都会降低它的吸水率。保水剂在不同水质中的吸水率见表 4.1。

表 4.1　保水剂在不同水质中的吸水率

不同水质	吸水率/（g/g）		
	德国产保水剂	法国产保水剂	青岛国产保水剂
去离子水	218	167	118
地下井水	108	97	79
黄土浸提液	57	86	61

可见，无论是何种保水剂，由于地下井水和黄土浸提液中的含盐量较高，其吸水率显著降低，如德国生产的保水剂，在地下井水中的吸水率为去离子水中的 49.5%，在黄土浸提液中的吸水率只有去离子水中的 26.1%。水中的盐分大大地降低了保水剂的吸水性能，不但起不到应有的效果，反而会增加使用成本。

4.3.2　吸水速率

保水剂的吸水速率是指保水剂充分吸水至凝胶状态所需要的时间。不同种类的保水剂吸水速率差别甚大，这主要是由其化学组成和结构决定，同时也受应用环境影响。

1. 不同类型土壤保水剂的吸水速率

以两大类型土壤保水剂（即淀粉接枝型和聚丙烯胺型）为例，淀粉-丙烯酸接枝共聚物有较快吸水速率，丙烯酰胺-丙烯酸吸水速率较弱，这是因为淀粉-丙烯酸接枝共聚物网络结构中具有大量亲水能力较强的葡萄糖单元长链，因此具有快速吸水功能。

图 4.5 为不同类型土壤保水剂吸水率与时间关系曲线。结果显示，淀粉-丙烯酸接枝共聚物吸水速率最快，也最早达到吸水饱和平衡态。聚丙烯酸盐、丙烯酰胺-丙烯酸共聚物吸水初期速率较慢，随着吸水量和时间的增加，吸水速率加快。吸水速率大小顺序为淀粉-丙烯酸接枝共聚物＞聚丙烯酸盐＞丙烯酰胺-丙烯酸共聚物。原因主要是淀粉-丙烯酸接枝共聚物网络构成中具有大量亲水能力较强的葡萄糖单元，其上众多的—OH基团能够将水分输入保水剂内部，加快吸水网络的溶胀。聚

丙烯酸盐、丙烯酰胺-丙烯酸共聚物结构紧密吸水初期速度较慢，但聚丙烯酸盐含有大量的—COONa 基团，随着吸水量的增加，保水剂表面积与吸水网络扩张增大，吸水速率也较快，丙烯酰胺-丙烯酸共聚物因吸水网链由—COONa 和—CONH$_2$组成，与聚丙烯酸盐保水剂相比，—COONa 基团所占比例相对较小，吸水速率相对慢。

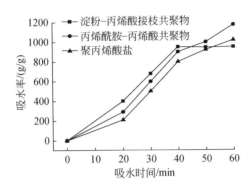

图 4.5　不同类型保水剂的吸水率与时间关系曲线

2. 不同的土壤保水剂产品的吸水速率

不同土壤保水剂产品吸水速率相差很大，见表 4.2。

表 4.2　不同保水剂产品的吸水速率

保水剂种类	吸水速率/（g/min）	保水剂种类	吸水速率/（g/min）
"白金子"沙地保水剂（大颗粒）	100～130	德国产保水剂（粉体）	3～5
"黑金子"农林保水剂（颗粒）	100～130	法国产保水剂（大颗粒）	180～210
林果专用保水剂（颗粒）	120～150	青岛国产保水剂（颗粒）	120～150

注：表中"白金子"沙地保水剂、"黑金子"农林保水剂均为唐山博亚树脂有限公司生产。

3. 不同吸水速率的保水剂产品与土壤混施时应注意的问题

吸水速率是评价保水剂优劣的一个非常重要指标。吸水速率慢，表明单位质量保水剂达到最大吸水量所需要时间长。那么，在干旱季节或土壤蓄水保墒能力差，且多大雨或暴雨的地区，将干保水剂颗粒或粉末直接与土壤混施，吸水速率慢，保水剂一般很难达到其最大吸水量，会大大地降低保水剂的使用效率和效果。因此，对于吸水速率慢的保水剂，使用前最好先吸足水分充分溶胀，然后与土壤混施；反之，吸水速率快，单位质量的保水剂达到最大吸水量所需要的时间就短。对于降雨历时短、土壤蓄水保墒能力差的地区适于应用该类保水剂。一般干旱半干旱地区的降雨特点多为降雨量少且分布不匀，树木生长前期多为小雨，生长后期多为大雨或暴雨。因此，在干旱半干旱地区的春季植树造林中，应尽量施用吸水速率快的保水剂或应用湿施法。另外应注意,淀粉-丙烯酸盐接枝共聚交联物型保水剂的吸水速率快于丙烯酰胺-丙烯酸盐共聚交联物型保水剂的,粉末状保水剂的吸水速率快于膜状或纤维状保水剂,颗粒状保水剂的吸水速率最慢,而且颗粒越大,其吸水速率越慢。

4.3.3　保水性能

不同种类的土壤保水剂的保水性能差别甚大,主要是由其化学组成和结构决定,同时受应用环境影响。聚丙烯酸盐具有较好的保水性能,丙烯酰胺-丙烯酸共聚物次之,淀粉-丙烯酸接枝共聚物保水性能最弱。这是因为聚丙烯酸盐吸水网络羧基总数较多,亲水性强,提高了保水性能。

图4.6为保水率与时间关系曲线。由图可知,不同种类保水剂中水分都不是均匀蒸发,且前期蒸发速度快、总量大,后期蒸发慢。同一时间保水剂保水性能有所差异,聚丙烯酸盐保水率最高,丙烯酰胺-丙烯酸共聚物次之,淀粉-丙烯酸接枝共聚物最低。保水剂吸水贮水网络中的水分包括自由水和结合水两部分,保水量与保水剂网络大小和化学组成有关。水分蒸发初期,主要是网络中自由水的蒸发,因此速度较快;后期主要是结合水的蒸发,速度较慢。图4.6显示,在实验条件下经30d,聚丙烯酸盐仍可保持保水率180%,比丙烯酰胺-丙烯酸共聚物、淀粉-丙烯酸接枝共聚物保水率都要高。聚丙烯酸盐是无规则聚合物,网络较小,同时羧基总数较多,亲水性强,结合水较多,因后期蒸发慢,保水性能最强;丙烯酰胺-丙烯酸共聚物也是无规则共聚物,但羧基总数较聚丙烯酸盐少,保水性能较聚丙烯酸盐低;淀粉-丙烯酸接枝共聚物中因淀粉长链参与吸水网络构成,网络较大,其中的自由水较易蒸发,表现为保水性能弱。

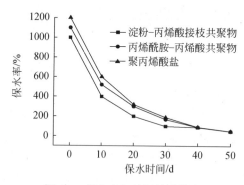

图4.6　保水率与时间关系曲线

4.3.4　保水剂的持效性

保水剂重复吸水性是保水剂性能的一个重要指标,用保水剂的持效性表示保水剂反复吸水的能力，一般保水剂的持效性具体用重复吸水次数来表示。研究发现，随着保水剂重复吸水次数的增加，保水剂吸水倍数锐减。经过 8 次重复吸水，丙烯酰胺-丙烯酸共聚物吸水率为 250g/g，聚丙烯酸盐吸水率为 200g/g，淀粉-丙烯酸接枝共聚物成为糊状物，基本失去吸水结构和保水结构。说明由化学单体聚合而成的保水剂较淀粉接枝聚合物结构稳定，重复吸水性好。

从表 4.3 分析可知，不同保水剂产品的使用次数和使用寿命是不一样的。颗粒大的保水剂使用次数明显的要大于颗粒小的和粉末状保水剂。可以断定，颗粒大的保水剂使用寿命肯定也要比颗粒小和粉末状的长。所得的结论都是用去离子水为溶液在相同的测定条件下测得的。

表 4.3　不同保水剂产品的重复吸水次数

保水剂种类	重复吸水次数/次	保水剂种类	重复吸水次数/次
"白金子"沙地保水剂	9	德国产保水剂	3~5
"黑金子"农林保水剂	6	法国产保水剂	10
林果专业保水剂	7	青岛国产保水剂	4

可见，颗粒大的保水剂在实验过程中，虽然使用次数多，寿命长，但是在达到了一定次数后，吸水后的晶体，其凝胶力以及其抗压力、弹力、吸水稳定性等都要差得多。实验初期，保水剂吸水后是很难被破坏的，在到达一定重复吸水次数后，其胶体很容易被捏碎，失去最初的弹性。可见，保水剂经反复吸放水后，吸水性能下降。

保水剂在反复吸水和释水的过程中，混合物的饱和含水量逐渐降低（表 4.4）。保水剂在反复吸水和释水过程中，吸水量和释水量降低比例越小，表明保水剂性能越好，重复吸水次数越多，使用寿命越长。

表 4.4　不同混合比例保水剂的持效性

处理方式	饱和含水量/%		
	第一次	第二次	第三次
对照	23.4	22.2	21.2
1∶100	67.5	50.3	42.5
1∶200	60.2	42.8	38.7
1∶300	48.0	39.6	32.2

4.3.5　吸水强度

保水剂的吸水强度是指单位时间、单位质量干保水剂所吸收的水分质量，单位为 g 水/ [（min•g）干保水剂]，简写为 g/（min•g）。

吸水强度大，表明单位质量干保水剂在单位时间内吸收的水分多；而吸水强度小，表明单位质量干保水剂在单位时间内吸收的水分少。吸水强度的大小一般用吸水率与吸水速率的比值来表示。根据表 4.5 分析知，与土壤直接混施时，宜采用吸水强度大的保水剂，尤其是在降雨强度比较大的地区；对于吸水强度小的保水剂，使用前最好进行充分的浸泡。保水剂种类不同，其吸水强度差异很大，淀粉接枝丙烯酸盐交联聚合型保水剂的吸水强度明显大于丙烯酰胺-丙烯酸盐交联聚合型保水剂的；同一种类的，粉末状保水剂的吸水强度明显大于膜状或纤维状保水剂的，颗粒状保水剂的吸水强度最小，而且颗粒越大，其吸水强度越小。

表 4.5　不同保水剂产品的吸水强度

保水剂种类	吸水率/（g/g）	吸水速率/（g/min）	吸水强度/［g/（min·g）］
德国产保水剂	218	3～5	43.6～72.7
法国产保水剂	167	180～210	0.78～0.90
青岛国产保水剂	118	120～150	0.79～0.98

4.3.6　pH 与盐对吸水性能的影响规律

衡量保水剂性能好坏的主要指标是保水剂的吸水率、吸水速率和吸水强度以及保水剂的持效性。

（1）保水剂的吸水率。保水剂的吸水率与其组成成分、交联度、水质以及环境条件有密切关系。其中水质对保水剂的吸水率影响最大。水质对保水剂的吸水率的影响主要有两个方面：一方面是水溶液的 pH。保水剂在不同 pH 下，其吸水率不同，大都在 pH 为 7 情况下吸水率最大，在 pH>7 或 pH<7 时呈下降趋势。另一方面是水溶液中的含盐量的影响，尤其是二价和三价阳离子的含量对保水剂吸水率的影响非常大，吸水率会随着含盐量的增加而显著降低。

（2）保水剂的吸水速率。吸水速率是评价保水剂优劣非常重要的指标。淀粉-丙烯酸盐接枝共聚交联物型保水剂的吸水速率快于丙烯酸胺-丙烯酸盐共聚交联物型保水剂；粉末状保水剂的吸水速率快于膜状或纤维状保水剂，颗粒状保水剂的吸水速率最慢，而且颗粒越大，其吸水速率越慢。吸水速率慢的保水剂应当在使用前充分浸泡。

（3）保水剂的吸水强度。保水剂种类不同，其吸水强度差异很大，淀粉-丙烯酸盐接枝共聚交联物型保水剂的吸水强度明显大于丙烯酰胺-丙烯酸盐共聚交联物型保水剂的；同一种类的，粉末状保水剂的吸水强度明显大于膜状或纤维状保水剂的，颗粒状保水剂的吸水强度最小，而且颗粒越大，其吸水强度越小。

（4）保水剂的持效性。大颗粒的保水剂在实验过程中，使用次数多，寿命长，持效性好。但在达到了一定的次数后，吸水后的晶体，其凝胶力、抗压力、弹力、吸水稳定性等都要差得多。

总之，吸水率和保水率等是衡量土壤保水剂性能的重要指标，不能片面强调保水剂的高吸水倍数而不考虑保水性等其他性能。在农林业应用中应根据土壤、作物、水源等实际情况，选择不同化学组成的保水剂，以提高经济效益。

4.4　土壤保水剂的作用原理

对土壤保水剂作用原理的研究，已经有相当多的研究资料积累，大多数集中于对土壤理化性能改变和性能改良方面，对土壤保水剂自身理化特性研究，多数集中实验室对产品的性能比较。其中，土壤保水剂作用原理主要包括四方面：一是保水剂自身吸水、保水和释水原理；二是保水剂的改土保水原理；三是保水剂对肥料和农药等农化材料的效应原理；四是植物水分关系与保水剂效应原理。

4.4.1　保水剂吸水、保水和释水原理

保水剂的吸水、保水和释水原理，主要与保水剂的基本特征，包括物理化学结构与吸水保水特性，也包括与外界离子类型和浓度、外界 pH 和温度、光照辐射等因素影响的关系，还包括应用的土壤类型和应用比例，植物对保水剂中水分利用的有效性等因素。保水剂分子含有羧基、羟基以及酰胺基、磺酸基等强亲水性官能团，对水分有强烈的缔合能力，纯水中的吸水溶胀比为 400~1000 倍或更高。保水剂的保水方式包括吸水和溶胀，前者比后者要低得多，一般约低 1 个数量级。

保水剂释水性能好，供水时期长，保水剂吸收水分对作物的根系来说，绝大部分是有效水，它来自保水剂所吸持水分中 98%左右的自由水，这部分水是植物最易吸收利用的水分[13]。此外，保水剂有吸水—释水—干燥—再吸水反复吸水功能，但反复吸水的保水剂吸水率下降10%~70%或失去吸水功能。

4.4.2　保水剂对土壤改良及其吸水性

1. 土壤的改良

（1）保水剂能够增加土壤团聚体，改善土壤结构。保水剂在土壤中吸水膨胀，把分散的土壤颗粒黏结成团块状，使土壤容重下降，孔隙度增加，调节土壤中的水、气、热状况而有利作物生长。张富仓等[14]发现，保水剂对土壤团粒结构形成有促进作用，特别对 0.5~5mm 粒径土壤团粒结构形成最明显，且当土壤中保水剂含量为 0.005%~0.01%时土壤团聚体增加量明显。

（2）保水剂提高土壤吸水能力，增加土壤含水量。保水剂分子内部有大量可

电解的羧酸盐基团，吸水后网状结构撑开，蓄水空间加大，持水能力增强。盆栽菜豆实验表明，培养基质中保水剂含量为 0.27%、0.54% 和 0.81%，田间持水量分别比对照增加 9%、18% 和 36%，浇水量分别减少 37%、45% 和 55%。

（3）保水剂增加土壤保持水分能力，降低土壤水分蒸发量和土壤水分渗透速度。实验表明，保水剂一般可提高土壤持水力 40% 左右。同时，土壤保持大量水分，土壤热容量增加，蒸发缓慢，使土壤热损失减少，从而维持较稳定的土壤温度。杜太生等[4]发现，施 0.05%~1% 保水剂的土壤移栽烤烟，缓苗期缩短 2d，缺水存活天数较对照多 5~20d。

2. 保水剂与土壤混合后的吸水性

保水剂与土壤混合后，土壤孔隙限制了保水剂的吸水膨胀，造成保水剂吸水率下降。吸水初期，保水剂的吸水率主要受土壤孔隙特性的影响。随着吸水时间延长，吸水率逐渐受土壤中离子溶解的影响，使得保水剂在不同土壤中吸水率的差异逐渐变大，土壤溶液中离子溶解量与黏粒含量有关，黏粒含量高，土壤溶液中离子溶解量大，保水剂在黏粒含量高的土壤中的吸水率较在黏粒含量低的土壤中低。不同质地土壤中保水剂的吸水率见图 4.7。图 4.7 中，保水剂与土壤混合后的吸水过程曲线的值为去除土壤颗粒含水量后保水剂的吸水率。由图 4.7 可见，保水剂与土壤混合后其吸水率都明显下降[15]。

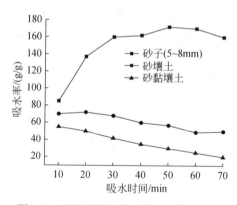

图 4.7　不同质地土壤中保水剂的吸水率

保水剂与土壤混合后，不仅降低保水剂的吸水率，也可能改变保水剂的吸水规律。保水剂的一般吸水规律为：随着吸水时间加长，吸水率逐渐增大，最后趋于稳定。在土壤中，随着吸水时间加长，保水剂吸水率反而降低；在砂子中，其吸水率先增大再减小，如图 4.7 所示。由于土壤孔隙的限制，吸水时间延长不能增加保水剂的吸水率，反而会增加土壤溶液离子溶解量，使保水剂产生脱水现象。但是，各种保水剂与砂子混合后的吸水规律与保水剂自身的吸水规律完全一致，表明在没有土壤溶液离子的作用下，介质孔隙只能降低吸水率，但不会改变保水剂的吸水规律，从而进一步说明土壤溶液离子对保水剂的吸水性有着重要的影响。

4.4.3　保水剂对农化产品作用原理

保水剂表面分子存在吸附、离子交换作用，肥料和农药中的铵离子等官能团能被保水剂上的离子交换或络合，以"包裹"方式把土液中离子包裹起来，减少肥效和药效淋失。但同时会使保水剂失去亲水性，降低保水能力，因此保水剂不能与锌、锰和镁等二价金属元素的肥料混用，可与硼、钾、氮肥混用。尿素等非电解质肥料与保水剂结合应用，保水剂的保水和保肥作用都能得到充分发挥。田间实验证明，保水剂与氮肥或氮磷肥配合使用，吸氮量和氮肥利用率分别提高18.72%和27.06%。保水剂与氮磷肥混施时，磷肥利用率从 16.49%提高到 20.91%。在陕西延安旱台地进行马铃薯试验，发现开沟 10～15cm 单施保水剂和单用氮肥的马铃薯产量分别增加 26.67%～56.67%和 33.33%，保水剂加氮肥使马铃薯产量增加 75%以上，直径≥10cm 商品马铃薯产量所占比例明显增加[16]。

4.4.4　保水剂对植物直接作用原理

保水剂对植物的作用原理，主要基于保水剂对土壤和植物两方面的效应。对于植物的作用，主要与保水剂的应用方法有关。对于种子处理，主要是保水剂为种子提供相对湿润的小环境；对于土壤使用，包括穴施或者沟施，主要与保水剂改变根土水环境，造成部分根系干旱产生脱落酸信号而调控植物生理节水有关。作物在其生长发育过程中具有适应土壤干湿交替环境能力，即作物在受到一定程度的水分胁迫时，能够通过补偿效应来弥补产量减少或减少损伤。

胡芬等[17]实验证明保水剂（KH841）对玉米生长有直接促进作用，单株叶面积和干物重都比对照显著增长，产量提高 19.6%～25.5%，WUE 提高 23.1%～25.2%。

4.5　土壤保水剂在农业上的应用与施用技术

4.5.1　土壤保水剂在农业上的主要应用

土壤保水剂广泛应用于农业和生态环境保护领域。

（1）温室栽培。温室覆盖利用吸水性树脂与聚乙烯系塑料复合物膜，带来优良的流滴性、防雾性，膜的废弃处理容易，不泛黄，具有新的光学特性，即平行光线透过率降低，散射光线透过率增加，全光线透过率不变，并且吸水性树脂在膜中吸水保水具有难热、难冷性，能够很好地保持温室的温度。

（2）土壤改良剂。保水剂混入土壤，可以提高土壤吸水性和保水性，使土壤形成团粒结构,疏松多孔,从而改变土壤空隙分布状态,增强土壤透水性和通气性,提高土壤吸湿能力,改善水分在土壤中移动性,使土壤中有效水分得到延长,并使土壤温度大大改善,昼夜温差降低,为植物提供生长发育所需的良好环境,为农业增产创造条件。

(3)保肥剂。肥料及辅助成分,特别是主肥多数以盐的形式存在,如硫酸铵、碳酸氢钙、过磷酸钙、硫酸钙、硫酸镁、硫酸钾、硝酸钾、硝酸钙、磷酸二氢钙和尿素等,此外还有许多种类的复合肥料。有的肥料呈碱性,有的呈酸性,有的为天然有机物,有的为发酵物等。这些肥料施于土壤中,有的是盐,易溶于水,当下雨或浇水时,因土壤吸水性差,雨水过多,就发生水土流失,许多有用的肥料元素,因植物来不及吸收就流失掉,大大降低施肥效果。加入吸水性树脂后,由于土壤吸水量大,贮水量多,水土流失大大减少,溶解的肥料元素,也就很少流失,加上吸水性树脂高分子网状结构具有大量亲水性基团,既可以吸收肥料元素中的阳离子,又可以吸收阴离子,并可以吸收极性基团、有机物及有机高分子肥料。这些肥料元素被吸收在吸水性混合土壤中,固定不流失,能长期保存,并且缓慢释放,随水分被植物吸收,使肥效大大提高[18]。

(4)种子包衣。将土壤保水剂兑水,搅拌使其成为凝胶状,然后将种子浸入,充分混合,静置一段时间后,捞出种子,摊开晾干,搓散,使种子互不粘连后即可播种,播种后可促使种子早发芽且提高发芽率。

(5)大棚用基质。保水剂与其他基质、营养液混合后用于种植蔬菜、瓜果可替代传统农用土,从而可实现农业工厂化生产。

(6)农用膜。在合成膜的一面,涂一层高吸水性材料保水剂层,可提高保湿性和可见光透过率。

(7)沙漠绿化。沙漠荒凉的主要原因是常年干旱缺雨,即使偶尔降雨也会很快流失;另外,沙漠中沙粒之间空隙较大,不会出现毛细现象,即使沙层下面有水,也难以通过毛细现象使水到达表层,以满足植物生长发育的需要。将保水剂与黏土掺在一起混入砂土中,可以增强其储水能力,增加砂土的透气性,提高水在砂土中的移动能力,改善砂土的温度,从而达到沙漠绿化和生态环境改善的目的。

4.5.2　土壤保水剂的作用

在干旱半干旱地区,保水剂应用于节水农业和径流林业,能起到保水、保肥、保温、保土、改善土壤结构和抗旱的作用。

(1)提高土壤含水量,提高肥料利用率。研究表明,保水剂能大幅度提高土壤含水量,提高肥料利用率,但盐分、电解质肥料能剧烈降低保水剂的吸水性[19]。如果水中含有较多的钙、镁、钾、钠和铵,保水剂吸水率会明显下降。保水剂的保水效果还与土壤质地有关,特别对粗质地的土壤保水效果最好。

保水剂加入土壤中可减少水分的无效蒸发,提高土壤饱和含水量,降低土壤饱和导水率,减少了土壤水分的深层渗漏和流失,从而提高水分利用率。0.75%保水剂与砂土混合,饱和吸水后的质量吸水率和容积吸水率分别比对照提高 16.48%和14.04%;0.75%保水剂与砂土混合,饱和导水率比对照下降 9.06%。降低土壤释水量,使土壤释水缓慢,释水量减少率为 22.96%[20]。蔡典雄等[21]研究认为,0.5%~3%保水剂作夏玉米种子涂层处理,可提高叶片保水力 2%~3.2%,脯氨酸含量比对照减少 2.50%~7.15%,气孔开张度增大了 1~6μm[22,23]。

(2)吸持水分的作用。王砚田等[24]认为保水剂所吸持的水分主要保持在 10~50kPa 低吸力范围内,98%为自由水,是植物最易吸收利用的水。保水剂最大吸水力高达 13~14kg/cm^2,而根系的吸水力大多为 17~18kg/cm^2,因此一般情况下不会出现水分倒流。实验表明,一般保水剂所吸持水分保持在 30%以上,可保证根系吸水[25]。保水剂用量只有在一定范围内,所保持水分才能被植物有效吸收利用,并促进其成活及生长发育。

(3)对肥料的吸附作用。土壤加入保水剂后可增加对肥料的吸附作用,减少肥料的淋失,保水剂对氨态氮有明显的吸附作用,而且保水剂用量一定时,吸肥量随肥料的增加而增加。李长荣等[26]研究表明,氯化氨、硝酸锌等电解质肥料降低了保水剂的溶胀度,而尿素属于非电解质肥料,使用尿素时保水剂的持水保肥作用都能得到充分发挥,是水肥耦合的最佳选择。

(4)改善土壤结构和水热状况。保水剂施入土壤,因其吸持和释放水分的胀缩性,可使周围土壤由紧实变为疏松,从而在一定程度上使土壤结构和水热状况得到改善,降低土壤容重,增加孔隙度,增加土壤团聚体,提高土壤团粒的水稳性[27],但改良作用受保水剂种类、施用量以及土壤质地等因素影响。

(5)提高 WUE。在低吸力范围,随保水剂用量的增加,有效水含量增加、土壤持水容量增大、毛管持水量提高幅度大于凋萎系数提高幅度,土壤有效水容量明显提高。保水剂可影响光合速率和蒸腾速率的日变化进程,提高 WUE。只要0.1%的保水剂,便可显著改善土壤有效水的保持和供应[28]。

(6)减小作物蒸腾作用。保水剂可保持较好的砂土墒情,还可减少作物蒸腾,改善作物体内水分生理状况,而且叶水势变化平缓,作物体内水分状况维持较好,而对照则水分状况变化大,清晨与下午水势最大,造成叶片严重的水分胁迫,从而提高 WUE[29]。

4.5.3　土壤保水剂应用效果

大量实验证明,保水剂因其吸持和保蓄水分的作用,可在一定程度上减少可溶性养分的淋溶损失。与化肥、农药和生根粉等结合使用,可增效缓释,提高其利用率,一般可节水节肥 5%~20%。胡芬等[17]研究表明,保水剂不仅促进作物生长发育，单株叶面积和干物质重都比对照显著增长，而且可提高穗粒数和粒重，使 WUE 提高 23.1%～25.2%。王斌瑞等[30]在黄土半干旱区对集水造林果树施用保水剂，其产量与对照相比提高 25%～30%。王斌瑞[31,32]研究表明，在干旱少雨又无灌溉条件下进行造林，当土壤含水量不足 10%时，施用保水剂前应将其投入大容器中充分浸泡，使之充分吸水呈饱和凝胶后再与土壤混合使用，否则结果将适得其反，这是因为施加保水剂后在相同含水量条件下土水势变得更低。研究还发现，在黄土半干旱区径流林业配套实验中，施用大颗粒饱和保水剂凝胶（凝胶内有孔隙）可使毛细根系穿过凝胶，提高所吸水的利用率，延缓凋萎日期，从而促进根系发育，提高植物抗旱性。王维敏[33]研究认为，保水剂用于粮食作物的投入产出比在 1∶10～1∶20，经济作物在 1∶30 以上。最高达 1∶110。在轻质土壤上，保水剂作种子涂层处理，谷子和大豆的适宜土壤含水量分别为 11.6%～1.46%和 12.0%～16.0%。因此，只有在适宜的土壤水分范围内，保水剂的应用才能获得最佳效果。

国内外研究表明，保水剂施用得当，可促进作物根系发育，提高出苗率和移栽成活率，促进植株生长发育，延缓凋萎时间；保水剂用量过大，非但不能促进根系发育，反而抑制根的伸长和降低根的生理机能，抑制种子萌发，降低移栽后成活率和出苗率[34,35]。何腾兵等[36-38]研究表明，在模拟干旱条件下，保水剂对玉米主要经济性状产生一定的影响，并因土壤质地不同而异，但保水剂用量过大会降低这种作用。李青丰等[39]则认为保水剂对环境中水分的吸收与对种子释放水分是相互矛盾的。可见保水剂的应用效果受多种因素制约，必须对此进行系统的研究，才能使保水剂的节水功能得到发挥。

4.5.4 土壤保水剂施用技术

1. 土壤保水剂应用方法

保水剂在农林业上的施用方法有种子涂层（种子包衣、浸种）、种子造粒、蘸根和根部涂层、穴施、地面喷洒以及用作培育基质等。

（1）种子涂层。保水剂的使用量为种子量的 0.5%～3%。先把保水剂与水按一定的比例混合，将种子倒入其中，边倒边搅拌，使其成为均匀的糊状，使种子表面形成一层薄膜包衣，晾干，用手搓匀后即可播种。此法适用于小面积直播造林和育苗等。

（2）种子造粒。用湿的涂层种子与加入保水剂和细土的混合物（1∶100）以质量比 1∶2 充分掺和，使种子裹上一层保水剂与土的混合物，形成种子丸粒。造粒后的种子可直接用于播种，造粒时还可将农药、肥料掺在一起，此法适于颗粒较大的直播树种。

（3）蘸根和根部涂层。保水剂加水配成质量分数为 1%～5% 的溶液，将树苗的根系浸泡其中，然后直接进行栽植；或浸泡后晾干，捆成捆后待用。

（4）穴施。穴施分两种，一种是将保水剂与树穴中的心土混匀，然后树穴内回填表土，放入树苗，并在树苗的根上撒 3～5cm 厚的细土，然后将混剂土撒入树苗周围，尽量远离根茎，每穴保水剂用量为 10～30g。另一种是将保水剂用水浸泡，使保水剂尽量吸饱水呈水凝胶状。施入方法同第一种，也是尽量远离根茎，以免保水剂包住根茎使其腐烂，这种方法每棵树需吸饱水的保水剂水凝胶 3～5kg。

（5）地面喷洒。地面喷洒分为喷施和喷洒两种。地面喷洒就是将保水剂加水配成一定浓度（2% 以内）的溶液，用喷雾装置喷洒在树苗周围，在地表形成一层保水剂"薄膜"，减少地面蒸发，此法在经济作物栽植及育苗中效果较好。地面撒施，就是在播种、栽植前将保水剂直接撒在地面上，然后灌水，以提高土壤有效含水量的持续时间，此法一般用于种植草皮和大面积直播、栽植。

（6）作培养基质。将保水剂与营养液按体积分数 0.5%～1% 搅和均匀成为凝胶状，再与其他基质按 1∶1 混合，可用于盆栽花卉、蔬菜、树木等的工厂化育苗。在国外，保水剂主要作为土壤改良剂施用。日本的施用方法主要是与土壤混施，而且在保水剂中混入无机物质（黏土）制成复合保水剂。

2. 土壤保水剂应用综合技术

国内外对以保水剂为中心的综合保水技术研究呈上升趋势。日本在利用保水剂的同时，配合地膜覆盖来抑制蒸发，发现可累加二者的优势。用聚丙烯酰胺类保水剂结合喷灌、滴灌，在沙丘区的卷心菜、玉米等，在小麦、蚕豆、甜菜等作物上进行保水剂与抗旱剂施等[40]。通过地面秸秆覆盖、保水剂和蒸腾抑制剂的综合效应，在玉米上进行种衣剂、抗旱剂、保水剂配合施用，也可显著提高植株抗旱增产能力。

北京林业大学在黄土半干旱区采取与径流林业技术相配套的多种蓄水保墒技术，对土壤的结构和持水能力进行改良[41]。其中，使用保水剂、绿肥、锯末、土壤改良剂等按不同配比与植树带内的土壤混匀，具有显著的保水节水效果，使春季的土壤蓄水量可提高 25%～47%。面对我国生态环境恶化、自然灾害频繁及西部大开发生态环境恢复与建设的实施，国内又开发研究出抗旱种衣剂、保水储肥剂、吸水改土剂、果蔬保鲜剂等保水剂新产品。

4.6　土壤保水剂的应用现状、问题及展望

4.6.1　土壤保水剂研究存在的问题及建议

土壤保水剂具有优异的水分调控功能，可在农业、林业、沙产业等多领域中

作用于多种对象，如农作物、土壤、水、沙漠、林木和草等，发挥其多种功能。保水剂不是造水剂，必须具备一定的条件下才能充分发挥保水作用。因此，保水剂在节水农林业中的研究应用目前主要的问题有：保水剂对盐分浓度影响的研究多，而对盐分离子类型影响研究较少。对于保水剂吸肥保肥机理，保水性能与保肥功效的合理优化，保水剂与不同肥料的混合使用比例，使用方法等研究课题仍较少。保水剂的改土作用是目前应用研究的重点。有关印证保水剂作用效应的土壤、植物生长生理的研究，结果零散，缺乏深入系统的测定和分析。保水剂单项研究多，多因子综合研究少，对地温影响的测定研究也较少。

由于保水剂种类繁多，新型高效保水剂不断问世，其应用效果受保水剂特性、气候条件、土壤质地、土壤水分条件、土壤盐分及离子类型、灌溉水质及灌水量等多种因素的制约和影响，很难有一致的定性结论，应结合不同的保水剂产品和应用条件，系统的研究这些因素对保水剂应用效果的影响机制，探讨适合不同地区不同条件下的保水剂最佳施用量、施用方式及相应的综合保水技术，为保水剂的生产及其在干旱半干旱地区的应用提供理论及技术指导。

我国是水资源缺乏的国家之一，随着国民经济建设的发展和人口的不断增加，淡水资源将日趋紧张。应用保水剂作为节约农林业用水的一条新途径，今后尚有许多领域亟待开发，前景十分广阔。例如，种子公司可研制保水剂丸衣种子，花木公司可将保水剂与营养元素制成专用的育花土壤向市场出售，都具有相当大的市场潜力[42]。果品保鲜、食用菌培养基保湿、大面积造林、城市绿化美化、沙地变绿洲等都是十分现实的研究应用课题。随着保水剂在农林业上的应用研究深入开展，保水剂将成为农林业生产上不可缺少的物质，其应用前景相当广阔。

4.6.2 土壤保水剂的应用现状

土壤保水剂具有调节土壤水肥综合功能，缓解和协调农业缺水和缺肥，保持和提高土壤中水分、养分的有效性作用，因此广受国内外农业专家的高度重视，成为各国农业专家研究的重点。目前，近30个国家使用土壤保水剂，其效果在于提高土壤保水性能，减少雨水和养分流失，改良土壤结构如荒地、沙漠地改造，废地污染土净化，盐碱地改良等。

高吸水性树脂研制成功之初，美国就试图以农业为中心积极进行推广，首先把它应用在土壤改良和抗旱保水等方面，但由于当时价格比较昂贵，在农业方面应用的研究并不多。随着研究工作进一步深入，价格的进一步降低，使土壤保水剂广泛地应用于农业上已经成为可能。紧随美国之后，日本、法国、意大利等国也开展了土壤保水剂在农业方面的应用研究，从而使土壤保水剂在农业上的应用成为其用途的一个重要的方面，如利用土壤保水剂减少砂土的水分蒸发量，以防止沙质土壤水分的过分流失；在土壤中加入一定含量的土壤保水剂，加强土壤对水的吸收能力并抑制土壤水分的蒸发，而且可以保持土壤结构的稳定；高吸水性物质及其水凝胶以不同含量施用于土壤中，可在不同程度上起到促进种子萌发和植物生长的作用；把高吸水率交联聚丙烯酸钾型土壤调节剂应用于由于短期或长期干旱而抑制植物生长的地区，可使砂质土壤的储水量明显增加，使土壤中含有更多可以供植物生长利用的有效水，并可以延迟由于水分蒸发强烈而导致作物枯萎的时间。众多研究都表明，土壤保水剂作为土壤保水剂可以促进植物生长，提高农作物的产量。

关于土壤保水剂对土壤的团粒体、体积膨胀率、孔隙度以及透气性等物理性质的影响，有研究表明，土壤调节剂的应用可增加土壤中水稳性团粒体的数量，也使土壤的孔隙度增加，从而改善了土壤的透气性。用高聚物土壤保水剂来治理沙漠是一种行之有效的方法，如法国制造出了一种"吸水土"，已用于改造沙漠[43]。日本也将保水剂的技术向印度出售，以开发印度的沙漠。比利时、以色列、南非、北非等数年前就将土壤保水剂用于沙漠治理，都取得了显著效果。埃及与日本合作，研制出保水性能极强的土壤保水剂，正在实施利用土壤保水剂绿化沙漠的宏伟工程。

国内在土壤保水剂的应用方面也进行了大量研究。黄占斌等[44]研究表明土壤中保水剂含量低于0.1%会使土壤团粒体增加，土面蒸发量明显降低；模拟降雨实验证明，施入土重0.1%保水剂的土壤在15%坡度下，其水分入渗增加43%，土壤流失率减少54%；用保水剂进行田间试验发现，土壤穴施保水剂使马铃薯增产一半以上，而且土壤保水剂使玉米和烤烟的抗旱存活率明显增加。蔡典雄等[45]对保水剂保水特性及对作物出苗的影响进行探讨，发现保水剂具有良好膨胀性、兼有吸水快和减少蒸发的特性，特别是改变水分特征曲线，大幅度增加土壤有效水含量，促进作物出苗作用，可成为未来人工调控土壤水分重要手段。赫延龄等[46]把高聚物保水剂用于水稻种子的萌发过程及水稻幼苗的生长发育过程，研究表明，在种子萌发过程中，保水剂能促进淀粉转化成可溶性糖、能提高种子呼吸强度，从而提高出苗率，且保水剂可以结合矿质元素，而进一步提高各种矿质元素相应的促进水稻幼苗生长发育的作用。徐伟亮[47]用合成的聚丙烯酸钠土壤保水剂进行了抗旱保苗的性能研究，纸床发芽和盆栽实验的结果表明，聚丙烯酸钠高吸水树脂可以显著提高小麦和玉米苗期的抗旱保苗能力。高凤文等[48]采用田间实验和室内模拟实验相结合方法，研究高分子吸水树脂 IM-400 保持土壤水分、抑制土壤水分蒸发作用的效果。结果表明，该树脂能有效地减少土壤水分蒸发。实验发现，种植玉米施用土壤保水剂可减少水量的60%~80%，在播种后60d内无明显降雨情况下，土壤水分比对照高2.41%。樊小林等[49]研究表明，用抗旱保水剂包衣谷种可提早1~1.5d发芽；土壤施用保水剂，小麦发芽率和成活率分别增大4%~16%和9%~15%，根苗比是对照的1.30~2.13倍；土壤团粒体的数量明显增加，土壤抗水蚀的能力也明显增强。施入抗旱保水剂的土壤含水量高，但水势降低，裸土蒸发量也随之下降。

孙健[50]利用压力膜法测定了保水剂加入土壤后，土壤含水量与土壤吸水力的关系。结果表明，加入保水剂后土壤持水能力大大提高，有效水含量和单位吸水力梯度下释水量也大为增加。另外，他还利用玻璃棒法测定加入保水剂土壤的体积膨胀率，用坚实度测量仪测定加入高聚物保水剂的土壤的坚实度。结果表明，加入保水剂土壤的膨胀能力较强，一般使用比例越大膨胀能力越强，而加入适当比例土壤保水剂并不会造成土壤坚实度的明显提高。何腾兵等[37]分别用烧杯称量法和环刀法测定保水剂对土壤保水效果的影响，结果表明，加入保水剂的土壤都表现出一定保水效果，且随着其用量增加，保水效果也有所增强。曾觉廷等[51]利用三种高聚物土壤改良剂对紫色土结构孔隙状况影响研究。结果表明，几种土壤改良剂均能降低土壤容重和提高土壤总孔隙度，且施用效果随着土壤改良剂施用量增加而提高。介晓磊等[52]采用张力计和恒温脱水动力学方法，研究不同剂量土壤保水剂聚丙烯酰胺和水解淀糊施入轻壤质潮土后土壤的持水性质的变化。结果表明，在土壤低吸力段（0～80kPa），随保水剂用量的增加，土壤持水容量增大，从而增加了作物可利用的有效水；在相同含水量时，土壤水能态随保水剂用量的增大而降低；但在相同水分能态下，土壤含水量随保水剂用量的增加而明显增大。施用保水剂后，土壤可在较长时间保持较高含水量；且随树脂用量增加，土壤容重下降，总孔隙度和毛管孔隙度则呈上升趋势；土壤凋萎系数虽有增大趋势，但增幅很小，土壤有效水含量明显增大。

随着保水剂对改善土壤的保水性能及物理状况研究的逐步深入，人们越来越多注意到保水剂对土壤肥料的作用。目前，一般认为有两种方法可以提高肥料的利用率：一是在施用前对肥料进行化学物理改性，如使尿素与有机化合物缩合成微溶性氮化合物即缓效肥料，或者以聚合物膜包裹在尿素颗粒表面制成可控释放肥料；另一种方法是从改良土壤结构出发，利用土壤结构改良剂提高肥料的利用率，该方法着眼于调整土壤结构，通过创建和稳定水稳性团粒结构，改善肥料元素在土壤中的化学物理环境，抑制其随雨水和灌溉水流失或直接蒸发，以提高肥料的利用率。

4.6.3　存在问题及发展方向

土壤保水剂是一种化工材料，无毒、无刺激、呈中性，对作物的品质也无不良影响。保水剂在农业上的应用是一项发展快、应用广、投资少、见效快的新型抗旱节水技术，应当大力宣传和推广应用。

1. 基础研究

我国土壤保水剂的应用研究虽然已经取得一定成就，在产品开发、田间试验、示范推广等方面都有迅速发展的趋势，但还存在着很多问题。国产土壤保水剂的种类虽然较多，但从土壤保水剂的产品质量来说，与日本、美国还有很大的差距。国内土壤保水剂在应用上仍存在一些问题，如片面追求高吸水率和吸水速率，忽视其稳定性、安全性、保水有效性和凝胶强度；长期大量使用含有对植物和土壤不利的、易分解的钠离子型保水剂产品，造成土壤 pH 升高，土壤结构被破坏；较少考虑植物根系生长的营养要求和使用保水剂对土壤透气性的影响等。今后，需要科学工作者对高聚物土壤保水剂的应用进行大量的、系统的基础性研究，为实际应用提供有效的理论指导。

2. 应用研究

土壤保水剂的应用研究大致有以下几种发展趋势：以研制各类专用抗旱和抗病虫害的多功能种子包衣剂为方向，大力发展低成本高效益的种子包衣技术；将土壤保水剂的研究开发和各种灌溉模式的研究结合起来，以实现最大的节水效益；加强土壤保水剂在不同气候、地区、土壤、作物条件下的最佳使用量、最佳使用方式的研究；加强土壤保水剂在保肥方面的研究，寻求和土壤调节剂使用相匹配的施肥制度；对土壤改良剂改良土壤的长期效果以及应用土壤改良剂的环境风险和环境效益进行全面的测评。

3. 保水剂-土壤-肥料的关系

目前，针对保水剂吸水性能的研究多集中于对不同种类保水剂吸水能力的研究，或只研究保水剂含量以及 pH、盐分浓度、离子等对保水剂吸水的影响，而对于肥料对保水剂吸水性能的影响研究并不多，尤其是对肥料影响保水剂吸水性能的机理研究更是罕见，急需解决。

针对保水剂对土壤蒸发和团聚体的影响研究多为不同种类的保水剂在不同含量下对土壤蒸发和团聚体的影响，而肥料和保水剂共同作用的影响研究却不多见，且研究也仅是讨论肥料和保水剂共同作用是否对土壤蒸发和团聚体有影响，有多大的影响，至于肥料为什么会减弱保水剂抑制土壤蒸发和增加团聚体的能力，尚无确定的结论。

保水剂对土壤水分能态的研究报道大多数针对某种类型的保水剂，对于不同品种保水剂对土壤水分能态的研究还比较少见，尤其是在肥料介入的条件下不同品种保水剂对土壤水分能态的研究更是罕见，急需解决。对于保水剂对土壤水分的研究基本都表明保水剂的施用可以提高土壤含水量，而当土壤含水量增加后，植物真正可利用的水分增加比重有多大也尚无确定的结论。在肥料介入的条件下,不同品种保水剂对土壤中植物可利用水分增加的有效性和差异性等问题还急需解决。

　　通常对保水剂的研究都表明,保水剂对土壤的水分含量具有一定的保持作用,但是对于肥料的吸收主要受肥料水解之后形成的离子影响作用比较大,那么保水剂对于肥料的保持作用是否和水分一致,对不同的土质,在多大范围内对不同肥料具有保持作用还需要做深入的研究。

　　总之,保水剂在农业上的应用尚有许多问题待深入研究。从机理方面来看,目前阴离子型的保水剂耐盐性较差,吸水速度较慢,而非离子型的吸水速度较快,耐盐性也较好,但吸水能力较低;保水剂合成材料主要是石油中合成的原料、纤维素、淀粉及其衍生物,制造成本较高,今后应通过改进加工方法,开发新的廉价合成原料,研制出吸水能力强,吸水速度快,持效性长,价格低廉,适应范围广的系列产品,真正促进保水剂在农业生产上大面积开发应用。从综合效益来看,可以推出的保水剂的耐久性太低。从用途方面来看,保水剂安全、无毒,施于土壤几年后被微生物分解,对环境无不良影响,有些保水剂产品可持续几年至几十年有效,但国内关于这方面的系统研究还未见报道;在实际生产中如何使保水剂的节水保水效果得到充分发挥,还需要进一步研究。

参 考 文 献

[1] 龙晓辉, 周卫军, 郝吟菊, 等. 我国水资源现状及高效节水型农业发展对策[J]. 现代农业科技, 2010, (11): 303-304.

[2] 刘顺国. 我国水资源现状与节水农业发展探讨[J]. 农业科技与装备, 2013, (4): 45-46.

[3] 高前兆, 李小雁, 俎瑞平. 干旱区供水集水保水技术[M]. 北京: 化学工业出版社, 2005.

[4] 杜太生, 康绍忠, 魏华. 保水剂在节水农业中的应用研究现状和展望[J]. 农业现代化研究, 2000, 21(5): 317-320.

[5] 陈宝玉, 武鹏程, 张玉珍, 等. 保水剂的研究开发现状及应用展望[J]. 农业大学学报, 2003, 26(S1): 242-245.

[6] 黄占斌, 辛小桂, 宁荣昌, 等. 保水剂在农业生产中的应用及发展趋势[J]. 干旱地区农业研究, 2003, 21(3): 11-14.

[7] 吴季怀, 林建明, 魏月琳, 等. 高吸水保水材料[M]. 北京: 化学工业出版社, 2005.

[8] 肖辉. 土壤保水剂持水特性及对土壤结构和林木生长的影响研究[D]. 北京: 北京林业大学, 2004.

[9] 王爱勤, 张俊平. 有机-无机复合高吸水性树脂研究进展与发展趋势[J]. 功能材料, 2006, 3(5): 14-18.

[10] 田巍, 李天一, 白福臣, 等. 保水剂研究进展及应用[J]. 化工新型材料, 2009, 37(2): 11-14.

[11] 杨连利, 李仲谨, 邓娟利. 保水剂的研究进展及发展新动向[J]. 材料导报, 2005, (6): 42-44.

[12] 冉艳玲. 化学保水剂对土壤水分及物理特性的作用效应[D]. 杨凌: 西北农林科技大学, 2014.

[13] 王砚田, 华孟, 赵小雯, 等. 高吸水性树脂对土壤物理形状影响[J]. 北京农业大学学报, 1990, 16(2): 181-186.

[14] 张富仓, 康绍忠. BP保水剂及其对土壤与作物的效应[J]. 农业工程学报, 1999, 15(2): 74-78.

[15] 闫永利, 于健, 魏占民, 等. 土壤特性对保水剂吸水性能的影响[J]. 农业工程学报, 2007, 23(7): 76-79.

[16] 黄占斌, 夏春良. 农用保水剂作用原理研究与发展趋势分析[J]. 水土保持研究, 2005, (5): 108-110.

[17] 胡芬, 姜雁北. 高吸水剂 KH841 在旱地农业中的应用[J]. 干旱地区农业研究, 1994, 12(4): 83-86.

[18] 党秀丽, 张玉龙, 黄毅. 保水剂在农业上的应用与研究进展[J]. 土壤通报, 2006, 37(2): 352-355.

[19] 川岛和夫, 姚德林. 农用土壤改良剂——新型保水剂[J]. 土壤学进展, 1986, (3): 49-52.

[20] 诸华达, 田大增, 张立言, 等. JAC-13 高吸水剂保水改土效应的研究[J]. 干旱区研究, 1988, (3): 49-50.

[21] 蔡典雄, 王斌瑞, 王百田, 等. 保水剂在林果业上的应用实验[J]. 西北园艺, 2000, (6): 12-13.

[22] 吴德瑜. 保水剂与农业[M]. 北京: 中国农业科学技术出版社, 1991.

[23] 吴德瑜. 保水剂在农业上的应用进展[J]. 作物杂志, 1990, (1): 22-23.

[24] 王砚田, 华孟, 赵小雯, 等. 高吸水性树脂的吸水和保水特性[J]. 北京农业大学学报, 1989, 6(4): 431-436.

[25] 李景生, 黄韵珠. 土壤保水剂的吸水保肥性能研究动态[J]. 中国沙漠, 1996, 16(l): 86-91.

[26] 李长荣, 邢玉芬, 朱健康, 等. 土壤保水剂与肥料相互作用的研究[J]. 北京农业大学学报, 1989, 6(2): 187-192.

[27] 彭毓华. 超吸水树脂——农用新型保水剂[J]. 山西化工, 1988, (4): 45-47.

[28] 张鸿雁, 王百田, 邹丽玲. 半干旱黄土区保水剂使用浓度的研究[J]. 北京林业大学学报, 2003, 25(2): 14-17.

[29] 冯金朝, 赵金龙, 胡英娣, 等. 土壤保水剂对沙地农作物的影响[J]. 干旱地区农业研究, 1993, 11(2): 36-40.

[30] 王斌瑞, 贺康宁, 史长青. 保水剂在造林绿化中的应用[J]. 中国水土保持, 2000, (4):25-27.

[31] 王斌瑞. 土内保墒措施在黄土高原对油松生长的影响[J]. 干旱区研究, 2000, 17(1): 19-21

[32] 王斌瑞. 晋西黄土高原主要造林树种的凋萎湿度的研究[J]. 北京林业大学学报, 1988, 10(4): 18-22.

[33] 王维敏. 中国北方旱地农业技术[M]. 北京: 中国农业出版社, 1994.

[34] 张富仓. 青岛产保水剂及其对土壤与作物的效应[J]. 农业工程学报, 1999, (5): 31-33.

[35] 马天新. 土壤保水剂在我省旱作农业上的应用展望[J]. 甘肃农业科技, 1997, (12): 20-23.

[36] 何腾兵, 田仁国, 陈焰, 等. 高吸水剂对土壤物理性质的影响[J]. 耕作与栽培, 1996, (16): 46-48.

[37] 何腾兵, 易萱蓉, 蔡是华, 等. 高吸水剂的吸水能力及其对土壤水分物理性质的影响[J]. 耕作与栽培, 1996, (5):57-59.

[38] 何腾兵, 陈焰, 班赢红, 等. 高吸水剂对盆栽玉米和小麦的影响研究[J]. 耕作与栽培, 1997, (z1): 115-118.

[39] 李青丰, 房丽宁, 徐军, 等. 吸水剂促进种子萌发作用的置疑[J]. 干旱地区农业研究, 1996, 14(4): 56-60, 66.

[40] 姜玉强. 抗旱及保水剂应用于直播甜菜效果分析[J]. 中国糖料, 1996, (2): 36-37.

[41] 韩清瑞, 罗永全, 方成梁. 保水剂和抗旱剂对小麦生长发育的影响[J]. 北京农业科学, 1991, (1): 35-37.

[42] 梁猛, 李绍才, 龙凤,等.胡枝子和紫穗槐包衣配方研究[J]. 种子, 2014, 33(4): 69-71.

[43] 孙福强. 高吸水性树脂对土壤的水肥性质及土壤结构的影响研究[D]. 广州: 广东工业大学, 2003.

[44] 黄占斌, 万惠娥, 邓西平, 等. 保水剂在改良土壤和作物抗旱节水中的效应[J]. 土壤侵蚀与水土保持学报, 1999, 5(4): 52-56.

[45] 蔡典雄, 王小彬, SAXTON K. 土壤保水剂对土壤持水性及作物出苗的影响[J]. 中国土壤与肥料, 1999,(1): 13-16.

[46] 赫延龄, 张东向, 郑蔚虹. 保水剂结合矿质元素对水稻幼苗生长发育的影响[J]. 西北植物学报, 1997, (1):

124-127.

[47] 徐伟亮. 高吸水性树脂合成和抗旱保苗性能的研究[J]. 种子, 1999, (2): 22-23.

[48] 高凤文, 罗盛国, 姜佰文. 保水剂对土壤蒸发及玉米幼苗抗旱性的影响[J]. 东北农业大学学报, 2005, (1): 11-14.

[49] 樊小林, 张一平, 李玲, 等. 抗旱剂对作物生长土壤结构及土壤水分性质的影响[J]. 西北农业学报, 1994, (1): 54-58.

[50] 孙健. 吸水剂对土壤某些物理特性影响的初步研究[J]. 北京林学院学报, 1985, (4): 38-44.

[51] 曾觉廷, 陈萌. 三种土壤改良剂对紫色土结构孔隙状况影响的研究[J]. 土壤通报, 1993, 24(6): 250-252.

[52] 介晓磊, 李有田, 韩燕来, 等. 保水剂对土壤持水特性的影响[J]. 河南农业大学学报, 2000, 34(1): 22-24.

第5章　保水剂对土壤理化性质的影响

5.1　土壤理化性质及其与保水剂的关系

5.1.1　土壤的主要理化性质及保护措施

（1）土壤的主要理化性质。土壤理化性质主要指土壤固、液、气三相体系中所产生的各种物理现象及化学现象等，表示土壤这些理化性质的指标主要有土壤容重、三相比例、体积膨胀率、pH、可溶性盐浓度［以 EC（electrical conductivity）表征］、速效磷、速效钾等。土壤的理化性质制约着土壤肥力水平，进而影响到植物生长，是制订合理耕作和灌排等管理措施的重要依据。

（2）保护和改善土壤结构的措施。由于土壤表层经常受到不合理的耕作和灌溉影响，土壤结构易破坏，从而导致土壤物理性质恶化。为了保护和改善土壤结构状况，保持和提高土壤结肥力，恢复和促进土壤团粒结构的形成，改良不良结构性状，可以采取的措施包括正确耕作，合理轮作，科学的土壤管理，合理灌溉、晒垡，酸性土壤施用石灰，碱性土壤施用石膏改良等，增施有机肥料，应用土壤改良剂等。

（3）土壤改良剂。土壤改良剂又称土壤调理剂，是指可以改善土壤物理性质，促进作物养分吸收，而本身不提供植物养分的一种物料。土壤改良剂的效用原理是黏结很多小的土壤颗粒，形成大的、并且稳定的聚集体。传统的土壤改良方法，如黏土中加砂土，砂土中加壤土等，添加的物质可称为天然土壤改良剂。现在多采用有机物提取物、天然矿物或人工高分子聚合物合成土壤改良剂，其中土壤保水剂是土壤改良剂的一种重要类型[1]。

5.1.2　土壤的理化性质与保水剂的关系

土壤是一个复杂环境，在保水剂的使用过程中，可能会受到土壤环境温度、盐分离子、土壤组成等诸多因素的影响，对保水剂的性能产生干扰。保水剂施入土壤后，会对土壤的基本理化性质如最大持水量、土壤三相组成比例产生影响，但随着使用过程中土壤环境对保水剂性质的影响，保水剂的对土壤理化性质的后继影响还不清楚。

保水剂使用的安全性是阻碍其发展的重要原因，弄清楚长期使用保水剂对土壤理化性质的影响进而对土壤环境造成的影响，可以反映保水剂对土壤环境的安全性，作为保水剂安全性研究的一部分，对推进保水剂在农业上的推广使用具有积极意义。了解影响保水剂长期使用的限制因素可以对保水剂新产品的研发和针对性应用提供参考；弄清楚保水剂在长期使用中的性质变化规律和研究保水剂用量在其使用过程中的起到的作用，可以为保水剂在农业中的使用提供依据，使保水剂更好地为农业服务。

研究表明，保水剂施用得当，能够显著提高土壤含水量、体积膨胀率、液相百分率、总空隙度和毛管孔隙度，可减小土壤容重，改变土壤三相组成比例。保水剂是调节土壤水、热、气状况，改善土壤结构，提高土壤肥力的有效手段。但也有些报道称效果不明甚至相反，这是因为保水剂对土壤物理性质的影响受保水剂种类、施用量、施用方法、施用时期、土壤含水量、土壤质地及结构、土壤盐分等多种因素的影响。保水剂在土壤中的作用不仅是吸水，更重要的在于它的保水。一方面，保水剂可快速吸水，将灌溉水或降水快速吸纳入土壤中，并保持在耕层，减少深层渗漏，提高灌溉水或降水利用率；另一方面，保水剂所保持的水分可缓慢释放供作物利用，从而有效防止水分流失和无效蒸发，达到保墒抗旱作用[2]。

土壤结构是土壤肥力的基础。保水剂施入土壤后，可以使土壤中分散的矿物质颗粒形成人工团粒并使天然团粒的稳定性提高，还可以大大提高土壤中粒径大于 0.25mm 团粒结构的含量，而土壤团粒结构的形成有利于土壤渗透率的增加，地表径流的减少和土壤中抗水蚀保护层的形成，从而可以有效地防止水土流失。土壤中施入保水剂还可以适当提高土壤的坚实度及土壤的体积膨胀率，另外也可以降低土壤容重，提高土壤的孔隙度，使土壤变得疏松而改善土壤的透气性及透水性，疏松的土壤有利于土壤中的水、气、热、肥等的交换及微生物活动，有利于土壤中养分对植物的供应，从而提高土壤肥力。

有关保水剂对土壤理化性质的影响主要研究保水剂施入土壤后，对土壤的水稳性团粒体、体积膨胀率、坚实度、渗透系数及容重等物理性质的影响，以确定保水剂对土壤物理性质的改良作用。

5.2　土壤保水剂的基本性质与作用原理

5.2.1　土壤保水剂的基本性质

目前，对于保水剂的基本性能包括保水剂的吸水率、吸水速率和保水能力（失水速率），这些基本性质是评价保水剂性能的重要参考依据。大量实验表明，保水剂的吸水能力随水中含盐离子浓度的增加而下降[3]。由于保水剂在不同时间内吸收速度显著不同，多用吸液量与吸液时间的关系曲线来描绘不同时期的吸液速度。保水剂的保水能力指的是吸水后的膨胀体能保持其水溶液不离析状态的能力。与纸浆、海绵等以物理吸水为主、吸水量小的普通吸水材料不同，保水剂属于高分子电解质，高分子电解质的离子排斥所引起的分子扩张和网状结构引起阻碍分子的扩张相互作用使保水剂的吸水能力大大提高，而且化合物的分子之间呈复杂的三维网状结构，使其具有一定的交联度。

5.2.2　保水剂在土壤中的作用原理

当保水剂与水接触时，由于在交联的网状结构上有许多羟基、羧基等亲水基团，分子表面的亲水性基团电离并与水分子结合成氢键，通过这种方式保水剂能够吸持大量的水分。在保水剂吸水的过程中，分子网链上的电解质导致网络中的电解质溶液与外部水分之间产生渗透势差。在渗透势差的作用下，水分不断进入保水剂分子内部，而其分子网络上的离子遇水产生电解，正离子呈游离状态，而负离子基团仍固定在网链上，相邻负离子产生斥力，引起高分子网络结构的膨胀，在分子网状结构的网眼内进入大量的水分子[4]。

高分子的聚集态，同时具有线型和体型两种结构，由于链与链之间的轻度交联，线型部分可自由伸缩，而体型结构却使之保持一定的强度，不能无限制地伸缩。因此，保水剂在水中只膨胀形成凝胶而不溶解。当凝胶中的水分释放殆尽后，只要分子链未被破坏，其吸水能力仍可恢复。

王砚田等[5]研究表明，保水剂保水的方式包括溶胀和吸水两方面，前者表示保水剂在大量水或溶液中被动贮水的能力，其数值高，一般被人们称之为"吸水量"。田间只有在降水或灌溉后才能具备溶胀的条件。吸水性能则表示其在没有水头差情况下的主动吸水能力，吸水量低，明显小于溶胀程度，一般约低一个数量级，而且吸水过程也较缓慢。保水剂靠主动吸水的作用效果一般情况下不大，其主要作用是将植物一时不能利用的降水或灌溉水尽可能贮存起来，而持续地供应植物水分。量只有在一定范围内，所保持的水分能被植物有效利用并促进其成活及生长发育。用量过低，起不到应有的作用；用量过高，会因根系周围贮水量过大而通气不畅，影响其呼吸，甚至会导致根系腐烂，或者因未饱和保水剂吸水的影响，反而存在副作用。

5.3　土壤保水剂产品及其吸水特性测定

5.3.1　国内外常用的土壤保水剂产品

保水剂基本性质的实验研究中采用的土壤保水剂样品有：德国巴斯夫保水剂

（简称 BA）、国产"白金子"保水剂（简称 BJ）、国产沃特保水剂（简称 WT），日本触媒保水剂（简称 JP）等，它们均属于合成高分子树脂类保水剂，其中德国巴斯夫保水剂和日本触媒保水剂是聚丙烯酸类保水剂，国产"白金子"保水剂属于聚丙烯酸-无机矿物复合型保水剂，国产沃特保水剂属于聚丙烯酰胺-无机矿物复合型保水剂，详见表 5.1[6]。

表 5.1　保水剂样品类型及生产厂家

保水剂名称	保水剂类型	生产厂家
BA	聚丙烯酸类	德国巴斯夫中国公司
JP	聚丙烯酸类	日本触媒公司
BJ	聚丙烯酸-无机矿物复合型	唐山博亚科技集团有限公司
WT	聚丙烯酰胺-无机矿物复合型	胜利油田长安控股集团有限公司

5.3.2　土壤保水剂的吸水特性测定

在土壤保水剂的研究中，对保水剂基本性质的研究是基础性问题。保水剂的基本性质，包括吸水率、吸水速率和保水能力等指标。这些基本性质是判断保水剂优劣的基本指标。保水剂的吸持水特性是评价保水剂性能的重要指标之一，而吸水率是保水剂的吸水性能最直观的反应。保水剂对去离子水的吸水能力只是一个表观的测试指标，而对含盐分溶液的吸收能力才是真正实用的指标，能衡量其吸水能力。

保水剂的保水性是一项反映保水剂应用于土壤后，能否快速吸收水分，并在作物需要时将水分释放出来的重要指标，因此在保水剂改善土壤水分，提高作物WUE 的过程中，保水性较吸水性更为重要。保水剂的保水性可以通过吸水速率、释水速率反映。吸水速率越快，释水速率越慢，其保水性能就越好。保水剂的吸水速率和释水速率可以从一个侧面反映保水剂保水能力的好坏。

1. 常用土壤保水剂产品的吸水率

经实验测定，几种土壤保水剂样品对去离子水、自来水、0.9%NaCl 溶液和1∶5 土壤浸提液的吸水率，详见表 5.2。

表 5.2　保水剂在不同溶液中的吸水率　　　　　　　　（单位：g/g）

保水剂类型	去离子水	自来水	0.9%NaCl 溶液	1∶5 土壤浸提液
BA	179	73	53	144
JP	215	59	52	160
BJ	310	75	38	144
WT	318	62	56	193

由四种保水剂在去离子水、自来水、NaCl 溶液和土壤浸提液中的吸水率可以看出，它们在四种溶液中吸水趋势完全一致，吸水率均为去离子水＞土壤浸提液＞自来水＞NaCl 溶液。分别比较四种保水剂在同一溶液中的吸水率，其趋势各不相同。其规律如下：①去离子水中：WT＞BJ＞JP＞BA，WT 的吸水率分别是其余三者的 1.03 倍、1.48 倍和 1.62 倍；②自来水中：BJ＞BA＞WT＞JP，WT 的吸水率分别是其余三者的 0.82 倍、0.84 倍和 1.05 倍；③NaCl 溶液中：WT＞BA＞JP＞BJ，WT 的吸水率分别是其余三者的 1.05 倍、1.07 倍和 1.44 倍；④土壤浸提液中：WT＞JP＞BA=BJ，WT 的吸水率分别是其余三者的 1.20 倍、1.34 倍和 1.34 倍。

将几种保水剂在去离子水中的吸水率作为对照，可以发现四种保水剂在不同溶液中吸水率的变化比例，从表 5.2 可以看出溶液类型对保水剂吸水率的影响。相对来说，BJ 受溶液影响最大，其次为 WT，再次是 JP，而溶液对 BA 吸水率的影响相对较小。

2. 保水剂的吸水特性

保水剂吸水量随时间的变化见图 5.1。保水剂的吸水过程符合一般吸附过程，即开始吸水较快，以后较慢，达到饱和与平衡后不再吸水。保水剂属弹性凝胶，吸水速率主要取决于保水剂表面结构、外形和颗粒大小。如图 5.1 所示，四种保水剂随着吸水时间的延长，吸水量增加，但表现各不相同。其中 BA 在 10～20s 吸水迅速，而在此后的时间内，吸水量则缓慢增加。

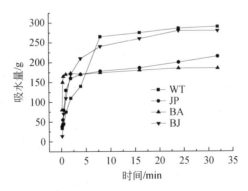

图 5.1　保水剂吸水量随时间的变化

3. 保水剂的失水特性

保水剂的失水速率，是保水剂含蓄水分后的保蓄能力的直观体现，其失水速率越慢说明保水剂的保水能力越强，在实际应用中对保蓄土壤水的贡献越持久。

四种保水剂水凝胶在 35℃恒温下，以厚度 h 为 2cm、直径 Φ 为 15cm 的体积蒸发，失水量呈现不同程度的线性递减；WT、BA、JP 和 BJ 经过连续恒温蒸发 30h 后，水凝胶的质量分别减少了 92.6%、97.0%、98.0%和 89.5%，见图 5.2。

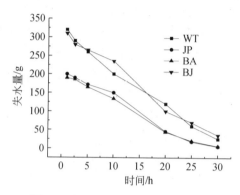

图 5.2　保水剂失水量随时间的变化

　　保水剂的初始吸水速率对其失水时间有显著的影响，吸水速率较大的 WT 和 BJ 失水时间比 BA 和 JP 多 5h 左右，但从 30h 内单位间失水量（图 5.2）上，JP 和 BA 反而低于 WT 和 BJ，可见保水剂的初始吸水量固然可以延缓蒸发失水，但失水速率同样值得重视。比较四种保水剂的失水速率，可以看出 BA 和 JP 的失水速率较低，而四种保水剂中 BA 的粒径最小，一方面吸水后的凝胶比表面积最大，保水剂亲水基团能够更好地结合水分子，使保水剂吸水速率变快，反之，失水速率降低；另一方面吸水后凝胶颗粒较小、凝胶间结合紧密、缝隙小导致其失水速率比其他保水剂低。

表 5.3　保水剂失水速率

保水剂类型	BA	JP	BJ	WT
失水速率/（g/h）	6.4	7.0	9.3	9.8

5.4　保水剂对土壤理化性质影响的研究进展

1. 保水剂对土壤物理性质的影响研究现状

　　稳定的土壤物理状态是维系作物根系生长环境稳定的基础，然而农田土壤往往受到环境因素的影响，土壤团聚状况被破坏，协调环境剧烈变化的机能受损，直接威胁到作物根系舒适生长发育，因此寻求稳定土壤物理状态的措施与技术成为土壤科学家长期面临的一个难题。研究发现，保水剂能够调节土壤三相的分布比例，使土壤容重下降、孔隙分布情况得到改善，使土壤结构更有利于保水和保肥[7, 8]。但也有研究发现不同的结果，这是由于保水剂对土壤物理性质的影响是多因子综合产生的结果，如保水剂自身属性及其使用量、土壤水分状况及盐溶液类别和气候条件等[9, 10]。Agassi 等[11]研究发现，保水剂能有效控制犁沟耕作土壤侵蚀度，降低板结程度，达到保持水土的显著作用。有研究者大量研究保水剂与土壤的相互作用对土壤结构、土壤持水能力的影响[12-14]。韩小霞[15]发现，保水剂可有效增加土壤孔隙度，其中毛管孔隙所占比例加大，通气性变好，团聚作用显著。黄占斌等[16]认为保水剂显著改善了土壤团粒构成，特别是在大于 0.5mm、小于 5mm 的粒径范围，土壤中起主要改善通气性、降低水分蒸发的团聚体数量增加，且保水剂用量也影响团聚性。

2. 保水剂对土壤水稳性团粒结构的影响

土壤中团聚体特别是大团聚体的形成有助于稳定土壤结构，改善土壤通透性，防止表土结皮，减少土壤表面蒸发，更有利于植物生长。添加保水剂后可增强土壤易分散微粒间的黏结力，使微粒能够彼此黏结，团聚成水稳性团粒，从而引起粒径组成的变化，形成较大团粒结构。大量研究表明，在土壤中加入保水剂有利于土壤团粒结构的形成，特别是大于 1mm 的团聚体比例增长迅速。而且随着保水剂用量的增加，土壤团聚体的含量提高，但并非呈线性关系。当土壤中保水剂含量小于某一值时，随着加入量的增加，团聚体含量明显提高。超过这个临界值，加入再多量保水剂，土壤团聚体占干土质量的百分比增加缓慢[17]。

3. 保水剂对土壤水分的影响

保水剂对土壤保水能力有较大影响，研究表明，保水剂处理后的土壤含水量提高幅度达 9.10%～80.95%，土壤总孔隙度提高 7.5%～15.5%，较好地改善了土壤的通透性，毛管孔隙度比对照提高了 7.3%～11.9%，显著提高了土壤的持水能力，且这种效果在雨季更加明显[18]。不同用量的保水剂施入轻质潮土后，在土壤低吸力段（0～80kPa），随保水剂用量的增加，土壤持水能力增强，从而增加作物可利用的有效水；在相同含水量时土壤水分能态随保水剂用量增加而降低；但在相同水分能态条件下，土壤含水量随保水剂用量的增加而明显增大。

4. 保水剂对入渗的影响

饱和导水率是指土壤水饱和时，单位水势梯度下，单位时间内通过单位面积土层水的通量（cm/min）。渗透系数是衡量土壤的表层板结程度和抗侵蚀的参数之一。土壤水渗透的难易可用土壤的饱和导水率来衡量。研究表明，轻壤土、中壤土和重壤土三种土壤加入聚丙烯酸类保水剂，使土壤饱和导水率降低 1 个数量级左右，其原因是在溶胀过程中体积膨大使土壤中大孔隙不断减小，导致导水率逐渐降低。施用聚丙烯酰胺的土壤渗透系数比对照土壤增加，土壤结构的改善使土壤的孔隙增多，也使其渗透性增强，因此可减少降水或灌溉时的地表径流，并使水土流失程度降低。

5. 保水剂对土壤蒸发的影响

保水剂具有明显抑制蒸发、保持水分的效果，可能有以下两方面原因：① 保水剂可以改善土壤孔隙的组成，毛管上升水被团粒间的毛管孔隙吸持而减少，同时它还与团粒内非毛管孔隙增加而切断表面土毛管联系相关；② 由于聚合电解质的作用，影响水分形态，使其发生变化，降低水压，从而降低土壤水分的蒸发强度，增加土壤的持水量。黄占斌等[16]观察土壤饱和后自然蒸发至恒重所需时间，发现用 0.1%保水剂处理的土壤需 25d，而对照土壤只有 16d。表明保水剂具有明显保水又供水的功效，保水剂可以改变土壤孔隙的组成，降低土壤的不饱和导水率，使表层土与下层土的水势梯度变陡，减缓土面蒸发。

6. 保水剂对土壤容重的影响

土壤容重（或总孔隙度）是反映土壤紧实状况的物理参数，适宜的容重使土壤具有合适的气、液、固三相比例，能提高土壤的农学价值。聚丙烯酸钾盐型保水剂施用在红壤上，由于保水剂吸水膨胀，使土壤也发生膨胀，变得疏松，孔隙度增加、容重降低，土壤容重随着保水剂用量的增加，降低的程度增大[19]。用新型抗旱保水剂处理砂姜黑土，土壤容重下降 13.5%，毛管持水量、总孔隙度分别提高 18.3%、9.4%；高有机质砂姜黑土容重下降 9.6%，毛管持水量、总孔隙度分别提高 9.1%、6.3%；盐碱土容重下降 23.8%，毛管持水量、总孔隙度分别提高 55.2%、23.5%；黄棕壤容重下降 9.7%，毛管持水量、总孔隙度分别提高 28.6%、8.5%。新型抗旱保水剂可明显改善根系生长环境，使作物抗逆能力增强，为作物高产稳产打下基础。

7. 保水剂对土壤养分的影响

肥料使用量和使用方式的不合理，不仅导致作物体内有害物质含量的增加，降低产品品质，还会加剧土壤及其营养元素淋洗渗漏，降低肥料利用率，造成严重的环境污染问题。由于保水剂具有吸收和保蓄水分的作用，因此可将溶于水中的化肥、农药等农作物生长所需要的营养物质固定其中，在一定程度上可减少可溶性养分的淋溶损失，达到节水节肥、提高水肥利用率的效果。员学锋等[20]通过室内模拟实验发现，淋溶过程中保水剂处理的土壤淋溶液中 PO_4^{3-}、K^+、NO^- 的含量均远低于对照。马焕成等[21]在森林土壤中进行实验，结果表明施加保水剂后，氮、钾流失量大幅度减少，同时随着保水剂施用量的增加，土壤中养分淋溶损失量减少。因此，保水剂的使用能够提高肥料利用效率，具有较高的经济效益和生态效益。

5.5　影响保水剂重复吸水性的因素

保水剂具有反复吸水功能，即吸水—释水—干燥—再吸水。在对保水剂的研究中，重复吸水性是研究其保水能力的重要参考依据。重复吸水次数的多少反映保水剂有效使用期的长短。而实际应用中，保水剂的重复吸水性受到许多外界因素的干扰。保水剂主要的使用区域是北方干旱地区，四季温度差异、不同类型土壤、不同水体等诸多因素都可能对保水剂的重复使用产生影响。

保水剂吸收的水主要来源于自然降水和灌溉水等，不仅水体中含离子，而且土壤中也含有各种离子，这必定会在一定程度上影响保水剂的吸水性能。保水剂的重复吸水能力主要决定于其本身的组成和结构以及水溶液或土壤中的盐类，钙、镁二价离子对钠类保水剂拮抗作用明显。土壤是一个复杂的环境，保水剂在应用于土壤中的重复吸水能力与在溶液中有很大差异，保水剂用量对其在土壤中的保水能力影响也不尽相同。保水剂的用量是实际使用中的一个问题，施入量太少起不到蓄水保墒的作用，施入量过大，不但成本高而且常会造成土壤储水量过高，引起土壤通气不畅而导致农作物根系腐烂。目前，温度差异对保水剂的影响还未见报道，保水剂贮存的水分在冻结后体积变化会对其重复吸水能力的影响还有待研究。

通过比较研究保水剂在不同温度、不同水溶液和土壤介质中的重复吸水性，以及保水剂用量与其吸水性的关系，可以为保水剂类型和用量的选择及保水剂的研制等提供理论依据。

5.5.1　温度对保水剂重复吸水性影响的测定

四种保水剂在不同温度下重复吸水率的变化见表 5.4。实验表明，在排除离子干扰的情况下，单纯的温度因素，不论是高温还是低温，均对保水剂的重复吸水没有显著影响。保水剂凝胶在低温冻结后对其吸水能力的影响极其微弱，说明冰冻不会破坏保水剂的分子结构。在 25℃下，四种保水剂除 BA 外的吸水率均无明显变化。可见温度在保水剂的使用中，无论是对保水剂吸水性能还是保水剂的使用寿命均不会造成影响。

表 5.4　温度对保水剂重复吸水率的影响　　　　　（单位：g/g）

保水剂类型	初次吸水率	-5℃的吸水率	25℃的吸水率	50℃的吸水率
BA	179	158	169	162
JP	215	200	208	207

续表

保水剂类型	初次吸水率	−5℃的吸水率	25℃的吸水率	50℃的吸水率
BJ	310	298	300	301
WT	318	306	312	308

5.5.2　保水剂在水溶液中的重复吸水性

由图 5.3 可以看出，四种保水剂在去离子水中的重复吸水性均随着吸水次数的增加而降低，其吸水率降低幅度的大小分别为：BJ＞JP＞WT＞BA。但即使是重复吸水 6 次后，WT、BA、BJ 和 JP 的吸水率仍可达到初始吸水率的 70.6%、78.1%、53.1%和 68.2%，表明这四种保水剂在没有离子干扰的情况下具有较好的重复使用性能。相对于去离子水，自来水对保水剂重复吸水性降低的影响更大，见图 5.4。就初次吸水率而言，测试的四种保水剂在自来水中的吸水率仅为为去离子水 32.1%～60.8%。其初次吸水率的大小依次为：BJ＞BA＞WT＞JP，重复使用 6 次，后四种保水剂的吸水率均降至 20g/g 左右，吸水率大小为：BA＞JP＞WT＞BJ。

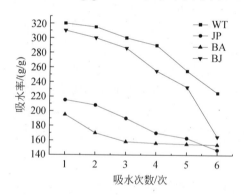

图 5.3　保水剂在去离子水中的重复吸水性

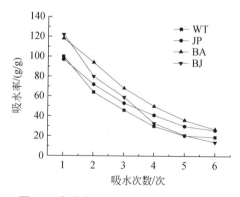

图 5.4　保水剂在自来水中的重复吸水性

5.5.3　保水剂按不同用量与土壤混合后的重复吸水性

1. 保水剂与土壤混合后的重复吸水性

对于四种保水剂 WT、BA、BJ 以及 JP，当其用量分别为 0.05%、0.1%、0.2%、0.3%时，其重复吸水性见图 5.5。

对于四种保水剂，当其用量为 0.05%时，WT、BA、BJ、JP 在土壤中的初次吸水率仅为去离子水中的 65%、66%、27%、96%。可见除 JP 外，保水剂在土壤中的初次吸水率均受到较大影响，以 BJ 表现得尤为明显。经统计分析，随着保水剂用量的增加，WT、BA、BJ 的初次吸水率也显著增加，但 JP 在土壤中的初次吸水率并不受用量的影响（图 5.5）。当保水剂用量为 0.3%时，WT、BA 在土壤中的初次吸水率基本恢复至在去离子水中的水平，BJ 也增加了近一倍的吸水量。可见保水剂的使用量可以在一定程度上补偿土壤环境对吸水率造成的负面影响。

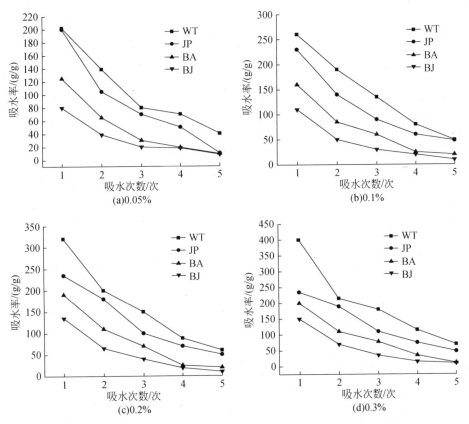

图 5.5　不同用量保水剂与土壤混合后在去离子水中的重复吸水性

　　将四种保水剂在用量 0.05%时的初次吸水率设为吸水率为 1.0，不难发现，除 JP 外，随着保水剂用量的增加，保水剂的吸水率逐渐变大（表 5.5）。四种保水剂的最大吸水率均出现在用量 0.3%的处理组，在重复吸水过程中，引起四种保水剂吸水率急剧变化的是第 2 次，四种混合比例下 BA、BJ、JP 的吸水率均有 50%左右幅度的减少，WT 也有 30%左右的降低。从第 3 次重复吸水开始，四种保水剂吸水率下降幅度逐渐平缓，但保水剂使用量对其吸水率的贡献减弱，重复吸水 5 次后，BA、BJ 基本失去保水能力，WT、JP 在各用量下的吸水率也仅为初次吸水率的 19%～31%。

表 5.5　保水剂在不同用量下 5 次重复吸水的吸水率（比值）

保水剂类型	保水剂用量/%	不同吸水次数下的吸水率（比值）				
		1	2	3	4	5
WT	0.05	1.00	0.67	0.42	0.31	0.21
	0.1	1.14	0.84	0.59	0.35	0.21
	0.2	1.36	0.89	0.66	0.40	0.25
	0.3	1.44	0.94	0.75	0.50	0.31
BA	0.05	1.00	0.53	0.26	0.15	0.09
	0.1	1.11	0.61	0.43	0.18	0.14
	0.2	1.34	0.77	0.51	0.20	0.13
	0.3	1.44	0.79	0.55	0.25	0.10
JP	0.05	1.00	0.52	0.36	0.25	0.19
	0.1	1.01	0.59	0.40	0.27	0.20
	0.2	1.02	0.76	0.43	0.30	0.19
	0.3	1.01	0.83	0.46	0.32	0.20
BJ	0.05	1.00	0.48	0.26	0.18	0.10
	0.1	1.13	0.56	0.32	0.19	0.12
	0.2	1.40	0.69	0.34	0.17	0.10
	0.3	1.57	0.77	0.38	0.16	0.10

　　2. 保水剂在土壤环境中重复吸水性

　　图 5.6 中，四种保水剂在土壤介质中对自来水的初次吸水率均略小于在自来水中的吸水率。而 BJ 的初次吸水率仅为 19g/g，说明在自来水与土壤双重作用下，BJ 保水剂对改善土壤水分基本没有贡献。5 次重复吸水后，WT、BA、JP 的吸水率均降低到 20g/g 左右。说明在保水剂完全释水情况下的重复吸水能力在土壤与盐分离子两因素的双重干扰下，不论是保水剂的初次吸水率还是重复使用的长期影响均有

叠加效应。

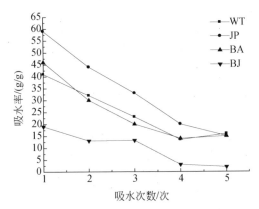

图 5.6　保水剂在土壤介质中对自来水重复吸水性

5.5.4　保水剂在不同释水程度下重复吸水性

上述研究是保水剂在完全风干下进行的,其吸水能力受到盐分离子和土壤环境的影响很大。实际应用中,大部分保水剂的重复吸水过程是在还没有完全风干时完成的。因此,为了更接近于实际的田间情况,选用 1∶5 的土壤浸提液对保水剂在不同风干程度下的重复吸水性进行研究。

将保水剂在土壤浸提液中的初次吸水率设为对照组,表 5.6 为四种保水剂含水量分别处于初次吸水率 10%(风干度 90%)、20%(风干度 80%)、30%(风干度 70%)时进行第二次吸水的吸水率。可以看出当保水剂干燥至风干度 90%时,对第二次吸水率的影响十分明显,表现最差的 BJ 第二次吸水率仅为初次吸水时的20.7%,而表现最好的 WT 也仅为初次吸水时的 59.2%。在保水剂风干度 80%进行重复吸水时,BJ 的第二次吸水率为初次吸水时的 73.8%,WT 更是达到了初次吸水率的 86.4%。

表 5.6　保水剂在不同风干程度下的重复吸水性

保水剂类型	吸水率/(g/g)			
	对照组	风干度 70%	风干度 80%	风干度 90%
BA	144.21	131.87	130.63	59.72
JP	160.38	142.75	140.12	78.92
BJ	144.92	108.83	107.01	29.95
WT	193.86	172.77	167.52	114.79

可见,想要较好地利用保水剂,延长保水剂的使用时间,必须保证土壤水分保持在一定的水平之上,过度透支使用保水剂会缩短其使用寿命。而保证保水剂

重复使用效果的土壤含水量大小同时受保水剂用量、保水剂吸水率和田间最大持水量的影响。虽然保水剂用量的增加对保水剂初次吸水率有促进作用，但保水剂用量增加的同时，对提高保水剂吸水率的贡献逐渐减弱。当保水剂用量为 0.3%时，实现保水剂长期使用条件的土壤含水量均可达到 60%以上，这样土壤水分水平明显不能达到节水目的，反映出一味地增加保水剂用量后减少保水剂的使用寿命，并不利于抗旱节水（图 5.7）。

表 5.7　不同用量保水剂下的土壤含水量（风干度 80%）

保水剂类型	土壤含水量/%			
	0.05%用量	0.1%用量	0.2%用量	0.3%用量
BA	24.45	33.21	58.65	84.26
JP	27.19	34.84	50.26	64.23
BJ	22.94	30.14	51.04	75.06
WT	27.12	41.23	79.90	117.13

5.5.5　在不同环境下保水剂重复吸水性的规律

通过对四种保水剂在各种条件下重复吸水性的测试，研究温度、盐分中离子、土壤环境和风干程度等因素对保水剂重复吸水性的影响，得出以下结论。

（1）温度因素。不论是高温还是低温对保水剂的重复吸水性均没有明显影响，水分冻结的体积变化对保水剂凝胶没有影响。

（2）盐分中离子。溶液中的盐分离子对保水剂的重复吸水性肥影响，主要体现在初次吸水率的降低上，随着保水剂吸水次数的增加，保水剂逐渐失去保水能力。溶液中的盐分离子对保水剂的影响是即时的、直接的。

（3）土壤环境。不考虑灌溉水中盐分离子的单纯土壤环境对保水剂的重复吸水性同样有显著影响，但与溶液中的影响不同的是，土壤对保水剂吸水能力的影响更多地体现在第二次重复吸水上，随着保水剂吸水次数的增加，保水剂逐渐失去保水能力，土壤环境对保水剂的影响是在较为缓慢的。

（4）保水剂使用量。通过增加用量，可以有效地增加保水剂在土壤中的初次吸水率，但随着保水剂使用次数的增加，用量对提高保水剂吸水率的贡献逐渐减弱直至消失。当保水剂重复吸水 3 次后，保水剂在土壤中的吸水率基本不受保水剂用量的影响。综合比较四种保水剂使用量，以 0.1%～0.2%用量较为经济合理。

（5）叠加效果。当盐分离子溶液与土壤两种因素叠加时，对保水剂重复吸水性的影响同样产生叠加效果，不论是初次吸水还是重复吸水，保水剂均受到两种因素叠加的干扰。

（6）风干程度。对比保水剂在吸水—风干—吸水和吸水—半风干—吸水两种重复吸水模式，保水剂在不低于前一次吸水量 20%时重复吸水，能够延长使用寿命。对于四种保水剂来说，在土壤含水量大于 30%时进行浇水灌溉较为合理，虽然保水剂的有效水含量高达 90%以上，但过度使用保水剂会对其使用寿命造成不利影响。

5.6　保水剂对土壤理化性质的影响规律

保水剂具有高分子三维网状结构，其分子含有大量羧基、羟基等亲水官能团，形成吸水动力，通过吸水和溶胀两种方式进行吸水，同时这些官能团又对土壤溶液中的化学离子进行吸附，影响土壤结构和改变自身吸水特性。土壤结构直接决定着保水、保肥性，决定着提供作物、树木生长所需的水、肥、热、气条件。

研究证明，保水剂对土壤结构的改变表现在随着保水剂的使用，土壤液相组成比例增加，固相、气相组成比例相对减少，容重明显降低，而总孔隙度增大等方面。但是目前的研究大多针对保水剂初次使用后对土壤性状的改善，保水剂长期使用后对土壤环境的影响报道较少，在保水剂的使用过程中，随着吸水能力的逐渐降低，保水剂对土壤性质改善的效果变化还有待研究。

保水剂长期使用对土壤性质的影响是保水剂使用安全性的重要组成部分，而针对保水剂使用是否安全的争议是影响保水剂发展的阻碍，研究保水剂使用过程中对土壤性质影响的变化，无论是理论研究还是实际应用都有十分重要的意义。

5.6.1　保水剂用量对土壤含水量的影响

通过多次取样测定土壤含水量变化，发现随保水剂用量的增加，土壤含水量也增加，以保水剂 0.2%～0.3%混合比例表现得尤为明显，但随着浇水次数的增加，保水剂对土壤含水量的影响逐渐减少，这与不同比例保水剂在土壤中重复吸水性实验表现得较为一致。就保水效果来说，研究结果表明 WT＞JP＞BA＞BJ。

5.6.2　保水剂对土壤容重和三相比例的影响

在理想情况下，保水剂初次吸水后，由于颗粒的膨胀，土壤中的空隙在一定程度上被保水剂溶胶颗粒填充。如果土壤中的水分含量较高时，保水剂溶胶所吸持的水分并不会供给土壤，而是作为一部分静态的水分暂时被储存于土壤内部，此时土壤体积膨胀到最大程度，但是土壤的通透性不是最好的时候。当土壤水分向外界蒸发，向深层渗漏或被植物吸收利用而减少后，保水剂所含的水分会释放到土壤中，保水剂溶胶颗粒体积缩小，因此土壤中的空隙程度增大，此时土壤的通透性也得到改善，当土壤再次遇水之后，保水剂再次吸水又可以膨胀，这种反复的过程中，保水剂起到对水分的调节以及对土壤中孔隙的调控作用，这种作用对于土壤结构的形成来说是有利的。

但是在实际应用中，保水剂的吸水能力会随着使用次数的增加而逐渐降低，同时由于保水剂凝胶粘连性增加等因素，会对土壤容重和三相比例等物理性质产生干扰，从而使保水剂对土壤容重、三相比例影响的规律性逐渐降低。研究还发现，第一次取样时，随着保水剂用量的增加，土壤容重降低，降低的幅度也符合各保水剂在土壤中初次吸水率规律，即 WT＞JP＞BA＞BJ；在使用过程中也符合四种保水剂在土壤环境中重复吸水的变化，即 JP 最稳定，BA 第二，BJ 最不稳定。说明保水剂对土壤容重的影响与保水剂在土壤中重复吸水能力有关系。

表 5.8 为不同保水剂及其用量对土壤孔隙度的影响，与对土壤容重的影响相同，初次使用保水剂使土壤孔隙变多，即增加土壤毛管孔隙度，从而增大毛管持水量。随着保水剂的使用时间和使用次数的增加，其对土壤孔隙度的影响逐渐降低，保水剂用量对增加土壤孔隙的贡献逐渐减弱。表现最差的 BJ 在经历 2 次重复吸水后对土壤孔隙几乎不产生影响，这符合其在土壤中重复吸水表现。

表 5.8　不同保水剂及其用量对土壤孔隙度的影响

保水剂类型	保水剂用量/%	土壤孔隙度/%			
		第 1 次取样	第 2 次取样	第 3 次取样	第 4 次取样
对照组	0	51.7	54.4	53.1	50.3
BA	0.05	51.3	53.6	50.5	48.5
	0.1	51.6	54.6	52.5	49.6
	0.2	50.7	53.0	53.8	49.1
	0.3	50.2	53.9	52.8	50.1
JP	0.05	51.5	54.3	50.6	48.2
	0.1	52.1	52.9	50.5	48.8
	0.2	52.7	52.6	53.0	49.3
	0.3	53.1	54.0	53.2	52.8
BJ	0.05	51.0	52.7	51.3	55.1
	0.1	51.1	54.4	52.0	50.3
	0.2	52.8	53.5	51.8	50.7
	0.3	52.1	54.1	52.4	49.8
WT	0.05	50.4	54.4	51.9	50.3
	0.1	51.3	56.1	52.7	51.9
	0.2	53.0	55.5	55.6	51.5
	0.3	53.0	56.1	54.5	53.8

5.6.3　保水剂对土壤体积膨胀率的影响

保水剂对土壤结构的影响主要是通过保水剂颗粒吸水膨胀，增加土壤体积来实现的。保水剂加入土壤后对土壤体积膨胀率的影响，是保水剂影响土壤结构的基础，不同保水剂用量下的体积膨胀率，可以从侧面反映保水剂用量与改善土壤物理性质的关系（表 5.9）。保水剂在大于 0.1%用量时对土壤体积有较为明显的影响，随着保水剂用量的增加，土壤体积膨胀率也随之增加。

表 5.9　不同保水剂及其用量对土壤体积膨胀率的影响

保水剂类型	土壤体积膨胀率/%			
	0.05%用量	0.1%用量	0.2%用量	0.3%用量
BA	0.89	7.02	10.60	16.22
JP	4.85	10.98	16.35	25.16
BJ	1.15	4.85	11.62	17.50
WT	3.83	10.47	16.09	21.71

但土壤体积膨胀率并不是越大越好，土壤体积过度膨胀时，一方面可能对植物根系产生拉伸作用，这对植物的生长会造成影响；另一方面由于膨胀强度降低，有可能使土体产生裂隙，不利于水分的储存，当土壤容重增加或者土体紧实，则会抑制保水剂的膨胀而不能充分发挥保水剂的吸水性能。

5.6.4　保水剂对土壤 pH 和 EC 的影响

土壤 pH 直接影响土壤肥力的变化和养分的存在状况，还影响土壤微生物的活动，适宜的 pH 对作物生长是十分重要的。保水剂的初次使用能够有效地降低土壤 pH，并保持在适宜范围，随着使用时间的增加，保水剂对土壤 pH 的影响很快消失。

初次使用保水剂会使土壤的 EC 变大，随着浇水次数的增加，保水剂对土壤 EC 的影响逐渐减低，第一次取样土壤 EC 偏高，随着使用时间增加土壤的 EC 逐渐减少。

通过四次取样分析保水剂对土壤速效钾和速效磷的影响，发现保水剂初次使用时土壤速效钾和速效磷的含量均高于对照组，但随着保水剂使用时间和浇水次数的增加，加有保水剂处理的土壤，其速效钾和速效磷含量逐渐降低。

5.6.5　保水剂短期使用对土壤理化性质的作用结果

通过研究保水剂短期的使用，对土壤容重、三相比例、体积膨胀率、pH、EC、速效磷、速效钾等理化指标的影响表明，保水剂的使用对土壤物理性质有积极影响，可以降低土壤容重，提高土壤含水量，增加土壤孔隙度，从土壤结构上改善土壤温度、水分、通气等环境，进而促进作物生长。但随着使用时间的增加，保水剂对土壤物理性质的改善作用逐渐降低。虽然用量增加可以在一定程度上减小保水剂对土壤物理性质改善的降低程度，延长保水剂使用时间，但是在保水剂的使用过程中，用量对延缓保水剂效果降低的贡献逐渐减弱。除初次使用保水剂使土壤 EC 偏高外，保水剂对土壤中的 pH、速效磷、速效钾等指标同样具有积极影响，对提高土壤肥力、改善土壤化学特性上有明显作用。这些影响在使用过程中的变化与对土壤物理性质影响的变化一致。

　　综合来说，保水剂在土壤中的使用，是二者相互影响的过程。初次使用保水剂时，土壤理化性质得到极大改善，随着使用时间的增加，保水剂的使用效果不断减弱，导致保水剂对土壤理化性质的有利影响不断降低。作为影响的主体，保水剂吸水膨胀等基本性质是改善土壤理化性质的基础。

5.7　研究结论及存在问题

5.7.1　研究结论

　　保水剂在农业中的应用日益广泛，众多厂家不断在研究和开发低成本和多功能的保水剂产品，系统地研究保水剂应用的基础性问题是进行保水剂推广必要条件。针对几种技术成熟并在实际推广应用的保水剂，研究保水剂在长期使用中自身性质变化和对土壤理化性质影响，主要研究内容包括：保水剂基本性质的测定，影响保水剂重复吸水性的研究，保水剂对土壤理化性质影响的研究等，得出以下结论。

　　（1）实验的几种保水剂均是成熟产品，都具有良好的基本性质，均达到保水剂正常使用指标。就基本性质而言，保水剂在不同溶液中的初次吸水率，尤其是在自来水和土壤浸提液种的初次吸水率可以作为保水剂实际使用时初次吸水能力的参考；保水剂的吸水率与其单位时间失水量共同决定着保水剂失水速率，保水剂的失水速率与其粒径大小成反比。

　　（2）在没有离子干扰的情况下，保水剂具有良好的重复吸水性，重复用 6 次后，除 BJ 外，其余几种保水剂的吸水率仍可达到初始吸水率的 65% 以上。自来水中的盐分离子对保水剂的重复吸水性有很大影响，并主要体现在初次吸水率的降低上，随着保水剂吸水次数的增加，保水剂逐渐失去保水能力，可见溶液中的盐分离子对保水剂的影响是即时的、直接的；单纯的土壤环境对保水剂的重复吸水性同样有显著影响，但与溶液的影响不同的是，土壤对保水剂吸水能力的影响等多出现在保水剂的第 2 次重复吸水上，随着保水剂吸水次数的增加，保水剂逐渐失去保水能力，可见土壤环境对保水剂的影响是较为缓慢的。在保水剂的重复使用中，对抵抗盐分离子对保水剂的干扰可分为应激性——初次受到盐分离子时降低对吸水性能影响的抵抗能力；耐受性——长期处于盐分离子环境中降低盐分离子对其吸水性能影响的能力。

（3）虽然保水剂含水量中 90% 以上的水分都可以被作物吸收利用，但对比保水剂在吸水—风干—吸水和吸水—半风干—吸水两种重复吸水模式下，保水剂在不低于前一次吸水量 20% 的时间进行重复吸水时，能够延长使用寿命。想要较好地利用保水剂，延长保水剂的使用时间，必须保证土壤水分保持在一定的水平之上。对于供试的几种保水剂来说，应在土壤含水量大于 30% 时进行浇水灌溉较为合理。过量使用保水剂会导致土壤在高含水量下保水剂水分含量过低，从而影响保水剂的使用寿命。

（4）保水剂对土壤理化性质的影响和保水剂重复吸水时的变化趋势一致，初次使用保水剂时，土壤理化性质得到极大改善，但随着保水剂使用效果的降低逐渐减弱，用量的增加对这种减弱起到一定的缓冲作用。说明保水剂和土壤一旦混合，两者会相互影响，随着使用时间的增加，土壤环境中对保水剂产生影响的因素逐渐消耗保水剂的使用效果，同时，保水剂对土壤理化性质的有利影响也在不断降低。保水剂是作为一种节水试剂加入土壤中的，将保水剂作为研究的主体，可以认为保水剂对土壤理化性质的影响是有益的，但持久性不够，需要有更成熟的品种实现对改善土壤的持久性。

（5）用量的增加对保水剂在土壤环境中的初次吸水率有提高的效果，但是随着保水剂使用次数的增加，这种效果逐渐降低。重复吸水 3 次后，保水剂在土壤中的吸水率基本不受用量的影响。使用量的增加可以作为外界因素对保水剂的影响缓冲，在短期内保证保水剂的使用效果。在设定的 4 个使用量中，以 0.1%～0.2% 用量较为经济合理。

5.7.2　存在问题

虽然对于保水剂应用于农业的研究日趋广泛和深入，但是目前在保水剂对土壤理化性质影响方面的研究较少，研究保水剂对土壤理化性质的影响，属于保水剂应用中基础性的一部分，在基础性方面的研究数据还需要得到扩充和进一步深入。有关保水剂对土壤理化性质影响的研究中还存在的问题有以下几个方面。

（1）研究中关于保水剂在完全风干情况下重复吸水性的结果，与实际使用有一定差距。保水剂在不完全风干时的重复吸水性仅探讨在土壤浸提液中的 2 次重复吸水，多次重复吸水的问题还需要继续研究。

（2）在保水剂对土壤体积膨胀率的研究中，体积膨胀率的适宜范围、如何避免因土体膨胀引起的土体开裂也是值得研究的问题。

（3）针对保水剂对土壤水环境的改善，应该深入研究土壤水势、保水剂水分势能、植物根系水势、叶水势和大气水势之间的关系，这些涉及对植物及对土壤水分利用效率的改变。

（4）引入作物后，保水剂凝胶的胀缩性是否会对幼苗植物根系缠身挤压和拉伸作用，以致是否影响植物生长，种植作物后，作物、保水剂和土壤三者的相互影响需要进一步的研究。

（5）保水剂使用的安全性还包括保水剂在土壤中是否分解、分解时间、分解产物是否有毒有害等方面。

总之，在保水剂应用中，基础性实验研究还要继续深入和加强，建立保水剂使用评价指标体系，制定保水剂使用技术和方法规范，进行保水剂使用后生态环境效益评价，使该领域的技术研究迈上新台阶。

参 考 文 献

[1] 吕军. 土壤改良学[M]. 杭州: 浙江大学出版社, 2011.

[2] 武继承, 杨永辉, 张彤. 保水剂对土壤环境与作物效应的影响[M]. 郑州: 黄河水利出版社, 2011.

[3] 李长荣, 邢玉芬, 朱健康, 等. 高吸水性树脂与肥料相互作用研究[J]. 北京农业大学学报, 1989, 15(2): 187-192.

[4] 何腾兵. 高吸水剂的吸水能力及其对土壤水分物理性质的影响[J]. 耕作与栽培. 1996, (5): 57-59.

[5] 王砚田, 华孟, 赵小雯, 等. 高吸水性树脂对土壤物理性状的影响[J]. 北京农业大学学报, 1990, 16(2): 181-186.

[6] 张浣中. 保水剂对土壤理化性质的影响研究[D]. 北京: 中国农业科学院, 2009.

[7] 宋海燕, 汪有科, 汪星, 等. 保水剂用量对土壤水分的影响[J]. 干旱地区农业研究, 2009, 27(3): 33-36.

[8] 宫丽丹, 殷振华. 保水剂在农业生产上的应用研究[J]. 中国农学通报, 2009, 25(22): 174-177.

[9] 高超. 聚丙烯酸类保水剂吸水特性及其应用效果[D]. 武汉: 华中农业大学, 2005.

[10] 于波. 京郊山区果园典型蓄水保墒技术试验研究[D]. 北京: 中国农业大学, 2005.

[11] AGASSI M, SHAINBERG I, MORIN J. Effect of electrolyte concentration and soil sodicity on infiltration rate and crust formation[J]. Soil science society of America journal, 1981, 45(5): 848-851.

[12] 丁瑞霞. "科瀚 98" 保水剂对冬小麦栽培生理特性及其产量特性的影响[D]. 杨凌: 西北农林科技大学, 2003.

[13] CHIANG S C, RADCLIFFE D E. Hydraulic properties of surface seals in Georgia soils[J]. Soil science society of America journal, 1994, 57(3): 901-910.

[14] NADLER A, LETEY J. Adoption isotherms of polyanion on soils using tritium labeled compounds[J]. Soil science society of America journal, 1989, 53(5): 1375-1378.

[15] 韩小霞. 土壤结构改良剂研究综述[J]. 安徽农学通报, 2009, 15(19): 110-112.

[16] 黄占斌, 万会娥, 邓西平, 等. 保水剂在改良土壤和作物抗旱节水中的效应[J]. 水土保持学报, 1999, 5(4): 52-55.

[17] 龙明杰, 张宏伟, 曾繁森. 高聚物土壤结构改良剂的研究Ⅰ. 淀粉接枝共聚物改良赤红壤的研究[J]. 土壤学报, 2001, 38(4): 284-290.

[18] 蔡典雄, 王小彬, SAXTON K. 土壤保水剂对土壤持水特性及作物出苗的影响[J]. 土壤肥料, 1999, (1): 13-16.

[19] 高超, 李晓霞, 蔡崇法, 等. 聚丙烯酸钾盐型保水剂在红壤上的施用效果[J]. 华中农大大学学报, 2005, 24(8): 355-358.

[20] 员学锋, 汪有科, 吴普特, 等. 聚丙烯酰胺减少土壤养分的淋溶损失研究[J]. 农业环境科学学报, 2005, 24(5): 99-104.

[21] 马焕成, 罗质斌, 陈义群, 等. 保水剂对土壤养分的保蓄作用[J]. 浙江林学院学报, 2004, 21(4): 46-49.

第6章 保水剂对土壤水分环境的影响

6.1 水资源与农业

6.1.1 农作物对水的依赖

水分是植物体最主要的组成部分。据测定，正常生长的草本植物，含有 80%～90% 的水分；正常生长的木本植物，大约含有 50% 的水分。水分对植物的主要作用有如下方面。

(1) 植物的光合作用需要水分。水分也经常参与其他许多物质的合成过程，如聚体与单体的物质转变。

(2) 根系对土壤矿质的吸收需要水分。根系对土壤矿质的吸收，只有在土壤中水分充足时才能进行。植物体中的矿质元素和有机物，必须以水溶液的状态才能通过输导组织。植物体中一连串的生物化学变化，也必须在水中才能进行。

(3) 植物细胞的生理过程需要水分。当细胞的液泡与原生质充满水分，细胞壁也被水分所饱和时，水分可以在植物体中形成一体。在这样一个水相系统中，只要一个细胞内的水分状况发生变化，可牵动整个系统。有一个细胞因渗透势增加而吸水，或另一个细胞因渗透势下降而排水，都可以引起细胞之间的水分流动。

(4) 植物器官运动需要水分。细胞及组织水分得失，会引起植物器官一系列运动，如气孔保卫细胞昼夜涨缩变化，豆科植物夜间小叶的闭合，一天中花冠的开张与闭合等。

(5) 植物原生质保持溶胶状态需要水分。原生质包含有 90% 以上的水分。原生质的状态随着其含水量而变化。原生质在水分多时呈溶胶状态，在水分减少时变为凝胶状态。当种子成熟，原生质变为固态，这是因为其水分迅速减少。

(6) 水分可调节植物的体温。植物在散失水分过程中，水分带走较多的汽化热而使植物体降低体温，避免在太阳强烈照射下植物体温的剧烈升高。寒冷条件下，水的比热较高，使植物体温缓慢下降，保持了热量，可增强植物抵抗不良环境的能力。绿色植物吸收与散失的水分，比其他生物要多得多。例如，农作物的生长，除了自身消耗水分外，还有土壤水分蒸发，径流与渗漏，杂草与农作物争水等。一般农作物每生产 1kg 干物质，至少要消耗掉 1000kg 水。

6.1.2 节水农业的重要性

当今世界各国对水资源的保护、开发利用等方面都十分重视,特别是随着人口增长、工农业生产的发展,人类社会对水的需求日益增长。由于用水量的不断增长,加之水资源污染益加剧,不少国家和地区不同程度地发生了水源危机。水源的合理开发和利用,已经成为各国现代农业发展规划中的一个重要战略问题。

我国是一个水资源紧缺的国家。全国人均占有水量仅有世界人均水量的四分之一,成为世界上严重"缺水户"之一,水资源已亮出了黄牌。然而,现在我国农业用水占全国用水总量的 80%,水的有效利用率低,自流灌区的利用率只有 40%,井灌区一般只有 65%。今后,困扰我国农业发展的将主要是水资源问题。因此,发展节水农业绝非权宜之计,而是长期的重大任务。探讨现代化学抗旱途径,特别是保水剂的应用,对发展节水农业和旱地农业都具有重大意义。

6.1.3 土壤保水剂的节水增产作用

在黄土半干旱地区,降水作为可供利用的唯一水资源,如何充分利用有效降水,节约生产耗水,是解决农业生产问题的关键。20 世纪 80 年代开始,以集水造林为核心的径流林业技术,摆脱了传统抗旱造林理论与技术的某些局限性,在实践上基本冲破了干旱缺水对林业发展的束缚,使干旱半干旱地区造林成活率达 90%以上,保存率达 85%以上,成林生长也表现出较大生长量和稳定性,使林木生长量提高 15%以上,经济林产量提高 20%~25%及以上。但是,径流林业作为一种新兴的抗旱造林理论与技术体系,还有许多方面要完善和发展。一方面,随着林木(果树)个体空间的扩展,以及营林坡面集水工程措施的逐年减效,使原有的水分营养空间已不再满足林木个体生长结果的需要,特别是进入成龄期(或结果盛期)后,随着林地水分供需矛盾的日益加深,干旱半干旱地区常规造林中常见的土壤干化现象也渐渐隐现,林木生长趋于缓慢;另一方面,目前的集水技术仍然不能很好地改变旱地土壤水分供需矛盾,4~6 月正是林木迅速生长、经济林开花坐果的关键用水时期,因此现有的集水技术有待进一步提高或改进。在目前的经济林技术条件下,为充分、合理、高效利用水资源,并提高土壤水分的利用率和利用效率,促进林木正常生长发育,除采用新型的集水技术、完善的贮水技术与林木节水灌溉技术外,还使用各种化学土壤改良剂,增加土壤蓄水保墒能力。近几年,随着保水剂制造技术、工艺水平的提高,保水剂在节水农林业的蓄水保墒中得到了大量的试验应用研究,大幅度提高了产量,WUE 大大提高。利用土壤保水剂达到提高造林成活率和节水增产目的是目前生态环境建设和西部退耕还林工程研究的一种新途径和新方法。

6.2　土壤保水剂的高吸水性、保水性及保肥性

高吸水性树脂作为土壤保水剂，主要性能包括高吸水性、保水性和保肥性。

1. 土壤保水剂的高吸水性

保水剂分子本身带有大量的强吸水基团，能吸收数百倍至上千倍于自身重量的去离子水，其吸水能力与其形状、形态以及粒径大小有关，吸水率高低是保水剂性能优劣的重要标志[1, 2]。保水剂的吸水能力随水中含盐离子浓度的增加而降低[3-5]。国外各种通用的保水剂在去离子水中的吸水率为290g/g～590g/g，最高可达 5000g/g，北京化学纤维研究所等单位研制的保水剂的吸水率可达 350g/g～590g/g[6]。保水剂其适宜应用的 pH 范围一般为 5～9，pH 过大或过小都可使其吸水能力下降。保水剂所吸收的水大部分是可被植物利用的自由水[7]。

2. 土壤保水剂的保水性

保水剂具有吸水快和释水缓慢的特性，因此不易造成土壤表面积水，可避免水分大量损失。在灌溉中，吸水剂能将植物不能持续利用的重力水保蓄起来，然后逐渐释放，供作物利用，从而提高水分利用率[8]。保水剂在受压情况下可保持原吸水量的70%，树脂内部所含水分的蒸发速度比去离子水的蒸发速度要慢得多[9]。使用保水剂可明显减少砂土蒸发失水量，起到保水作用，且可以改变砂土水分特征曲线，增加土壤持水量和提高作物可利用水量[10, 11]。北京化学纤维研究所以拌有质量分数为 0.5%保水剂的饱和含水量砂土与不加保水剂的饱和含水量砂土对照做水分蒸发实验，结果表明，两周后对照所加水分全部蒸发完，而处理砂土的含水量仍保持12%，大约50d 后水分才全部蒸发完[9]。日本学者将八种保水剂以 0.1%的比例混入土内，灌水后测量30d 的累积蒸发量。结果表明，保水剂的吸水率越低，累积蒸发量越大；反之，累积蒸发量越小。利用保水剂配合地膜覆盖抑制地面蒸发，可叠加二者优势，更适宜旱地作物栽培[12]。

3. 土壤保水剂的保肥性

根据实验室施肥实验，施用保水剂后，尿素的利用率可提高20%。北京农业大学树脂应用协作组研究结果表明，树脂施入土壤后对肥料具有吸附作用，减少养分损失，NH_4^+ 可与树脂中的 Na^+ 交换[13]。黄金喜[14]发现，NH_4^+、NO_3^-、K^+ 和 PO_4^{3-} 能被聚合物吸附，且聚合物施用量越大，含肥料元素离子土壤吸附越强。宋立新[15]实验表明，高吸水材料的保肥率，对碳酸氢铵为 26%～33%，对二铵和硝酸磷肥也有 16%～17%的保肥作用。另外，保水剂对农药也有较强的吸附作用，

因此使用保水剂可以减轻农药对地下水的污染。龙明杰等[16]研究指出，聚合物自身对土壤肥料的吸附作用是其提高肥料抗淋溶效果和减少肥料流失的主要因素。

6.3　保水剂对土壤持水性能的影响

土壤持水性能习惯上用水文常数表示，如土壤田间持水量、永久凋萎点、有效含水量等。土壤田间持水量是指土壤最大毛管持水量，简称最大持水量。土壤田间持水量是在土壤排除重力水后，保持毛管悬着水的最大有效水量，其大小取决于土壤质地、结构等。永久凋萎点（凋萎湿度、凋萎系数或萎蔫湿度）至今仍是划分土壤有效水与无效水的分界点。通常把植物萎蔫后放置在饱和水汽环境下，经夜不能恢复膨压时的土壤含水量作为稳定的永久凋萎点。贝费尔等[17]认为一般处于-15bar（1bar=10^5Pa）水势下的土壤含水量可以视为凋萎湿度。在造林实验中，凋萎湿度是一个十分重要的水文常数，它是区别土壤有效水分和无效水分的分界点，也是土壤有效水分的最低值。当土壤含水量低于凋萎湿度时，植物已不能同土壤中吸取水分供其生长，这部分水对植物来说无法利用，称为无效水。只有当土壤含水量大于凋萎湿度时，土壤水才是有效的。

6.3.1　性能影响实验材料

（1）实验用土壤。实验研究土壤为黄绵土，由黄土母质直接发育形成，层次过渡不明显；土层深厚，质地均匀，为中壤土，pH 为 8.0～8.4。

（2）实验用土壤保水剂。实验用土壤保水剂的基本性能参数见表 6.1[18]。

表 6.1　土壤保水剂的基本性能参数

保水剂性能参数	德国产保水剂	法国产保水剂	青岛国产保水剂
吸水率/（g/g）	218	167	118
吸水速率/（g/min）	3～5	180～210	120～150
吸水强度/［g/（min·g）］	43.6～72.7	0.78～0.90	0.79～0.98

6.3.2　保水剂对土壤吸水力的影响

将青岛国产保水剂（吸水率为 118g/g）按对照、0.05%、0.10%、0.15%四种含量加入黄绵土进行配制，采用压力板的方法测定其水分特征曲线，其研究结果如图 6.1 所示。

黄绵土加入不同含量的保水剂后，土壤水分特征曲线变化有一定规律，土壤保水剂没有改变土壤水分特征曲线的大致形状，只增加了在不同土壤吸水力下保持的含水量。从 0～80kPa 低吸力段土壤水分特征曲线可以看出，各处理土壤的吸水力随着土壤含水量的下降而增大（图 6.1）。

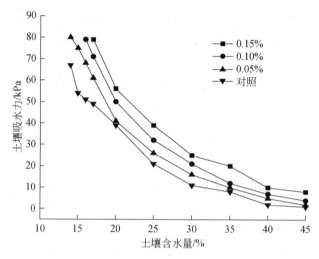

图 6.1　低吸力段土壤水分特征曲线

在相同土壤吸水力下，随着保水剂用量增加，土壤含水量相应增大；在相同含水量时，土壤吸水力随保水剂用量增大而增大，即水分能态随保水剂的增加而下降，在一定程度上降低了水分的有效性，但这部分水分能态的下降都是在土壤低吸力段（0～80kPa）下降，故仍属有效水范围。这说明当土壤中施入一定量保水剂后可以明显提高土壤保持有效水的能力。

6.3.3　保水剂对土壤含水量的影响

由于保水剂中含有大量结构特异的强吸水基团，可产生高渗透缔合作用并能通过其网孔结构吸水，具有很强的保水性。在土壤中加入不同含量的保水剂，保水效果明显。将青岛国产保水剂施入到土壤 0～20cm、20～40cm、40～60cm 及 0～60cm 土层内 8 个月后，进行观测，其实验结果如表 6.2 所示。

表 6.2　保水剂含量对土壤含水量的影响

保水剂含量/%	不同土层的土壤含水量			
	0～20cm	20～40cm	40～60cm	0～60cm
0	8.29	10.15	10.22	9.55
0.05	9.77	12.12	10.12	10.67
0.10	10.84	14.84	14.00	13.22
0.15	11.21	15.12	14.70	13.34

土壤中加入保水剂后，0～60cm 土层内土壤平均含水量要比对照提高 9.55%～13.34%，20～40cm 土层中土壤含水量增加幅度更为明显，最高达到 15.12%。

在土壤中林木的根系主要分布于 20～40cm 处，较大幅度地提高土壤含水量，对林木的生长更为有利。可见，土壤保水剂的保水效果十分显著。

　　图 6.2 结果表明，土壤中加入土壤保水剂，最佳保水剂含量为 0.10%。土壤中并非加入保水剂的量越大，保水效果越明显，当保水剂的含量高于 0.10%时，土壤中水分变化不大，土壤含水量提高幅度变小。

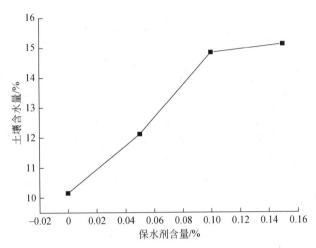

图 6.2　不同保水剂含量时土层 20～40cm 土壤含水量曲线

6.3.4　保水剂对土壤有效水贮量的影响

　　土壤中的水分包括有效水分和无效水分。毛管贮存的水分含量为毛管持水量，凋萎系数是划分土壤有效水与无效水的分界点，土壤含水量在凋萎系数以下，土壤中的含水为无效水分。毛管贮水与凋萎系数的差值为土壤中的有效贮水量。经实验测定，保水剂含量对土壤有效水贮量的影响结果如图 6.3 所示。结果表明，

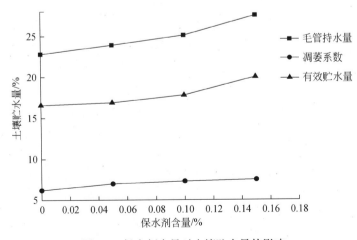

图 6.3　保水剂含量对土壤贮水量的影响

土壤加入保水剂，土壤的有效贮水量增加。随着保水剂用量的增加，土壤的毛管持水量也相应增加，从 22.8%增加至 27.5%。加入保水剂后，土壤的凋萎系数也增大，但增幅较小，从 6.29%增加至 7.5%。同时如果土壤中施用保水剂含量过高，会影响土壤的通透性，引起烂根现象的发生。

6.3.5　保水剂对土壤水势变化规律的影响

水势也是土壤含水量的一种表示方式，与土壤含水量负相关，对水势的测定是许多水分关系研究的基础。土壤水势是土壤水分运动的驱动力，水势梯度越大，土壤水越容易移动。施用不同含量保水剂后，土壤水势动态变化如图 6.4 所示。结果表明，土壤水势其数值波动范围在 6.0～18Pa，施用保水剂后土壤水势比对照（保水剂含量为 0）的水势要低。土壤中施用的保水剂含量越高，土壤水势越小。土壤越干旱，含水量越小，其水势梯度越大。由图 6.4 可以看出，当土壤中加入0.05%保水剂后土壤的水势有明显降低，而且随着保水剂含量的增加，土壤水势持续降低，0.10%与 0.15%含量的土壤保水剂水势变化曲线大致相同。

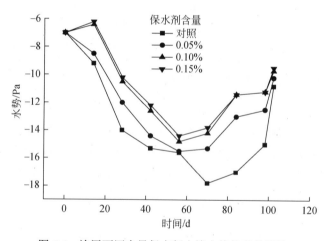

图 6.4　施用不同含量保水剂土壤水势的变化规律

6.4　保水剂对土壤水分运动的影响

在黄土半干旱地区，自然降水到达地面后，除地表径流损失外，土壤内部有无效蒸发水和深层渗漏水，保存到林木根系分布土层中的有效水分非常有限。以集水造林为中心的径流林业技术基本解决了地表径流损失，但如何充分、合理、高效地利用有限汇集水资源是黄土高原干旱半干旱地区植被重建和生态经济林发展中亟待解决的关键问题之一。已有的研究表明，由于黄土特殊的土壤结构特征,水分主要以垂直渗漏为主,且渗透系数较高,降水能较快的渗入深层土壤,这种渗透深度与雨季水分收获量有直接关系[19]。对集水造林而言,植树带与坡面两个功能区在雨季收获状况不同,土壤含水量显示出明显不同的垂直变化特征。

由于黄土的无结构和土质的立土性,保水能力较差,在集中降雨期,植树带土壤层处于充分供水状态,在满足林木的生理蒸腾和土壤蒸发之后,还有 30%~40%土壤水分渗透到 2m 以下土层中。可见,雨季是产流的主要时期,也是土壤蓄水的关键时期,直接影响到秋季植树带土壤含水量、深层土壤水分补给、渗漏损失及来年春季土壤供水状况。

6.4.1 保水剂对土壤饱和导水率的影响

1. 导水率和饱和导水率

(1)导水率 K 表示孔隙介质透水性能的综合比率系数,即单位水势梯度下水的能量密度或渗透流速。K 是土壤颗粒大小分布、固体物质的化学组成和土壤紧密度的函数。因此,对于不同的土壤或同一土壤的不同层次 K 也可能有差异。

(2)对于一定的土壤,饱和导水率 K_s 是一个常数;非饱和导水率 K_q 为变量。K_s 的测定常用渗透仪定水头法和降水头法。

2. 饱和导水率对保水剂保水节水的评价功能

保水剂在土壤中吸胀(吸水+溶胀)后保持的水是否能较长时间存在于土壤根层内供植物缓慢吸收,而不渗漏到深层土壤损失掉,即保水剂施入土壤后其保水力如何,能否有效阻止水的渗漏损失。用土壤饱和导水率 K_s 这一指标,不仅可评价保水剂保水节水功能,而且可以衡量土壤水渗漏的难易,提高有限土壤水分利用率的标志。土壤根层指植物根主要分布的土层,对林木而言,一般认为根层是从土表至 40~50cm 深度。在干旱半干旱地区的雨季,植树带土壤水分处于饱和状态,土壤水势能很高,土壤水明显向深层土壤渗漏,使土壤根层水分迅速减少。采用定水头法,利用保水剂与黄土粒按 0.1%、0.5%混匀吸水饱和后,在室内测其饱和导水率,结果见表 6.3。

表 6.3 保水剂对黄土饱和导水率的影响

处理方式	混施(0.10%)	混施(0.50%)	对照
饱和导水率 K_s/(cm/min)	5.65×10^{-3}	4.23×10^{-3}	1.78×10^{-1}

结果表明,混入保水剂后,黄土饱和导水率比对照低 2~3 个数量级;混入 0.10%和 0.50%保水剂时,黄土饱和导水率 K_s 逐渐降低,这是由于干保水剂在溶

胀过程中体积不断膨胀,使土壤中大孔隙不断减少,从而有效地阻止土壤水向深层渗漏,使之蓄积于土壤根层。

6.4.2　保水剂对土壤水分入渗率的影响

土壤水分入渗率表示单位时间内单位面积土壤的吸水量。土壤水分入渗率对土壤水分的运动特性影响很大,入渗率越大,降水的利用效率越高,土壤表面的地表径流会相应减小,产沙量会相应减小,土壤表面的水土流失减小。研究表明,在土壤中加入保水剂后,土壤的入渗率相应提高。但在整个降水过程中,前期水分入渗率相差很小。随着降水历时的延长,同时累计降水量的增加,保水剂对土壤入渗率影响更加明显。当保水剂含量分别为 0.05%、0.10%、0.15%时,土壤水分最终入渗率(infiltration rate,IFR)明显高于无保水剂土壤的入渗率,如图 6.5 所示。这表明保水剂可以有效地提高土壤水分入渗率,水土保持作用显著。

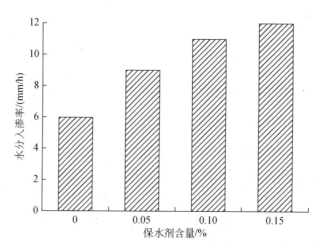

图 6.5　不同含量保水剂土壤的水分入渗率

6.5　保水剂对土壤蒸发的影响

6.5.1　土壤水分的蒸发

(1)土壤蒸发影响因素。土壤蒸发是自然界中不可避免的土壤水分物理运动过程,但对植物生态系统而言,是一种无效的水分消耗。土壤蒸发过程受能量供给环境、水气运移条件和土壤供水状况三个方面物理因素的影响。

(2)土壤蒸发的三个阶段。第一阶段为土壤水分达到高于田间持水量,土壤蒸发近似于或等于水面蒸发，期间，蒸发受制于气象条件；第二阶段为毛管水上移，期间土壤蒸发不仅受气象条件的影响，而且与毛管水上移速度有关；第三阶段为毛管水破裂阶段，蒸发速率受水气扩散速度影响。这三个阶段的土壤水分运移均与土壤水分有关。

6.5.2　保水剂对土壤水分变化的影响

将保水剂与土壤拌匀后施入土壤中，施用量为有效根区范围干土重的 0.05%、0.10%、0.15%，对三种处理和对照土壤均进行一次充分灌溉。对土壤水分在一段时间的变化进行持续测定，0~60cm 土层土壤含水量与对照比较见图 6.6。

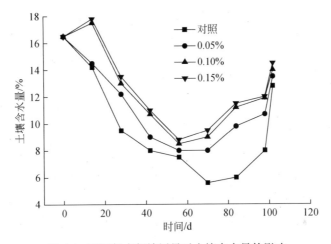

图 6.6　不同保水剂施用量对土壤含水量的影响

从图 6.6 可以看出，土壤经过充分灌溉均达到田间持水量水平，不同保水剂施用量处理的土壤其含水量随时间变化规律不同。对照比加入土壤保水剂蒸发加快，土壤含水量大幅降低；而经过保水剂处理后土壤含水量的上下波动幅度低于对照，土壤的蒸发量相对减少。

6.5.3　保水剂对土壤蒸散量与水分亏缺的影响

土壤蒸散量指单位面积土壤蒸发量和植物蒸腾量的统称，在流域水文学上可以用坑测法进行较长时间段内的蒸散测定。例如，以一年中的一段无雨期作为研究时间段，通过测定 40cm 土层深的体积含水量前后差异，可以推算蒸散量。

水分亏缺是指林木需水量和供水量之间的关系，用土壤水分的短缺量来计算水分亏缺是一种简单快捷的方法。一般来说，在一定条件下，从林木永久凋萎点至田间持水量之间，有一个林木生长发育的最适水量，这个水量大致为田间持水量的 60%~80%。取田间持水量的 70% 为最适水量，研究不同处理的 40cm 土层深内的水分亏缺状况。

研究表明,土壤中加入保水剂后,土壤的田间持水量比对照有一定提高,土壤中的水分亏缺随着土壤保水剂施用量的增加相应减小,这是由于土壤中加入保水剂后土壤含水量相应提高[19]。在无降水的条件下,经过一段时间地观测,土壤在加入保水剂后,能够抑制土壤蒸发,降低土壤的蒸发量,有效地提高土壤含水量。

6.5.4　不同处理对土壤水分蒸发的影响作用

在农业的保墒措施中经常会用到覆草措施,保水剂可以提高土壤含水量,而覆草措施可以有效降低水分蒸发,两种措施相结合,对土壤的保水性能会起到很好的改善作用。土壤中加入保水剂后不同土壤含水量明显提高,保水时间比对照更长,土壤加入保水剂并覆草,效果更加明显,土壤含水量变化曲线缓和。研究发现,在对照土壤含水量达到 8.3%,加入保水剂土壤含水量仍接近 12%,而加入保水剂并覆草,土壤含水量达到 17.6%,效果十分明显。这是由于保水剂加入土壤后,改变了土壤孔隙性质,饱和含水量增多,土壤持水能力增大。通过保水剂处理和土壤表面覆草,可以延长土壤对植物供水时间,提高其抗旱能力。由于保水剂抑制土壤蒸发能力较弱,而且表施或浅施会增大蒸发量或加快其降解,因此建议保水剂深施,并进行土壤覆草。

6.6　保水剂对土壤水分及理化性质的综合作用

6.6.1　保水剂改善土壤持水特性的作用

(1)土壤水分能态。保水剂能影响土壤水分能态,在低吸力范围内,同一吸水力下,随保水剂含量的增加,土壤含水量也增大,因此土壤持水能力增强;在同一含水量下,土壤水分能态随保水剂含量增加而降低,土壤含水量越低,水分能态降低越大,水分有效性越低,因此加入土壤保水剂后使有效水分的释出在低吸力范围内增加。

(2)土壤含水量。土壤中加入保水剂,可以有效增加土壤含水量,土壤中加入不同含量的保水剂,土壤含水量也不相同。比较各种保水剂对黄土质轻壤土的影响,保水剂施用量在 0.1%以上时,其保持有效水分的能力与 0.1%几乎相近,土壤中加入土壤保水剂的最佳含量为 0.1%。

(3)土壤有效水贮量。保水剂对土壤有效水贮量影响较大,随保水剂含量的增加,土壤毛管持水量相应增大,凋萎系数虽然也增大,但增幅很小;毛管持水量提高幅度远远大于其凋萎系数提高幅度,土壤有效贮水量明显增大。

（4）土壤饱和导水率。保水剂能降低土壤饱和导水率，在保水剂施用量为 0.10%~0.50%，饱和导水率 K_s 比对照降低 2~3 个数量级。这是由于干保水剂在溶胀过程中体积不断膨胀使土壤中大孔隙不断减少，从而有效地阻止土壤水向深层渗漏，使之蓄积于土壤根层。

（5）土壤水分入渗率。土壤中加入土壤保水剂后，改良土壤结构，土壤的透水性能好，土壤渗水率有明显加强，随着土壤保水剂含量的增加，土壤水分入渗率不断提高。当保水剂含量在 0.1% 以上时，土壤的水分入渗率变化幅度不大。

（6）土壤饱和含水量。保水剂加入土壤后，使土壤饱和含水量增大，土壤持水力增强，延长植物供水时间，提高林木抗旱能力，对土壤水分变化规律产生积极影响。

（7）土壤水分亏缺。在土壤中加入土壤保水剂，随着保水剂含量增加，相对蒸发速率则减小，土壤水分亏缺也变小，有效地增大土壤含水量，各种处理中，土壤保水剂含量以 0.1% 的效果较好。

（8）土壤水分含量。在土壤中施用保水剂，在土壤表面覆草，会有效地提高土壤含水量。由于保水剂抑制土壤蒸发能力不强，保水剂深施并覆土，地表覆盖秸秆，可以有效降低蒸发，提高 WUE。

6.6.2　保水剂改良土壤理化性质的作用

土壤中加入保水剂可以明显改善土壤的物理性状，土壤容重均比对照减小，土壤坚实度相对减小。土壤总孔隙度有大幅度增加，较好地改善土壤的通透性；毛隙度也增大，显著地提高土壤持水能力，有利于植物生长。保水剂能改善土壤物理性状，促进团粒结构的形成，调节土壤固、液、气三相分布，保水剂含量的增加，三相组成中液相所占有的比例与保水剂含量成正相关，固相、气相组成比例相对减少。三相组成中，液相所占比例增加，固相、气相所占比例相对减少，土壤总孔隙度增大，持水量增大。保水剂可降低土壤温度，地温日较差比对照缩小，降低地温变率。土壤中加入保水剂后对肥料的吸附作用增强，持水保肥效果得到充分发挥。

6.6.3　配套措施完善增强保水剂性能

保水剂不是造水剂，本身也不能制造水分，其对植物起的是间接的调节作用，其使用必须具备一定的土壤水分条件，在降水、灌溉及耕作等的配合下，保水剂才能发挥其吸水、保水作用而产生最佳效果。土壤含水量在 10%~16%，土壤保水剂作用发挥最为明显，对土壤含水量进行生长期跟踪观测，人工调节土壤含水量，干旱季节应用保水剂时，配合节水灌溉，能为苗木的正常生和发育提供更适应的土壤水环境，最大限度发挥保水剂效能。由于保水剂抑制蒸发作用不强，在黄土半干旱区，太阳辐射强烈，可以采用"保水剂+地膜或枯枝落叶覆盖"模式，可以显著提高保水剂的利用率。

6.6.4　合理施用保水剂提高持水效果

土壤保水剂要进行科学使用，保水剂类型、施用方法、施用量要适宜。在黄土半干旱区，土壤保水剂最佳施用量为 0.1%可以有效提高保水效果。春季造林，可用选择保水剂混施模式，将保水剂充分吸胀后，深埋覆土，促进林木生长效果明显。在无引水灌溉、又无充足的降水条件下，应选择凝胶网袋法，可以实现保水剂的反复利用，从而提高保水剂的使用效率。保水剂干施法可于雨季前使用，可有效蓄积雨季土壤下渗水，供第二年春旱时树木使用。苗木移栽时，保水剂拌土能明显地提高苗木成活率，拌土的最佳比例应为干土重的 0.1%，太少不能发挥保水剂应用的效果，用量过多时，凝胶体会影响土壤的通透性，反而影响苗木的生长。

参 考 文 献

[1] 吴德瑜. 保水剂与农业[M]. 北京: 中国农业科学技术出版社, 1991.

[2] 逄焕成, 隋方功, 蒋家慧. 高分子吸水剂的吸水保水性能与增产效果的研究[J]. 莱阳农学院学报, 1992, 9(1): 41-44.

[3] JOHNSON M S. Effect of soluble salts on water absorption by gel-forming soil conditioners [J]. Journal of the science of food and agriculture, 2010, 35(10): 1063-1066.

[4] 李长荣, 邢玉芬, 朱健康, 等. 高吸水性树脂与肥料相互作用研究[J]. 北京农业大学学报, 1989, 15(2): 187-192.

[5] JAMES E A, RICHARDS D. The influence of iron source on the water-holding properties of potting media amended with water-absorbing polymers[J]. Scientia horticulturae, 1986, 28(3):201-208.

[6] 吴德瑜, 梁鸣早. 保水剂及其在农业中的应用[J]. 农业科技通讯, 1987, (3): 3-4.

[7] 黄金祥, 石文川. 两高一优与农业创新[M]. 北京: 中国农业科学技术出版社, 2000.

[8] FLANNARY R L, BUSSCHER W J. Use of a synthetic polymer in potting soils to improve holding capacity[J]. Communications in soil science and plant analysis,1982, 13(2): 103-111.

[9] 蔡典雄, 王小彬. 土壤保水剂对土壤持水性及作物出苗的影响[J]. 土壤肥料, 1999, (1): 13-16.

[10] 王砚田, 华孟, 赵小雯, 等. 高吸水性树脂对土壤物理性状的影响[J]. 北京农业大学学报, 1990, 16(2): 181-186.

[11] 赵永贵. 保水剂的开发及应用进展[J]. 中国水土保持, 1995, (5): 52-54.

[12] 东先旺, 高瞻, 位东斌. 保水剂在日本农业中的利用[J]. 山东农业科学, 1988, (1): 52-53.

[13] 苏宝林. 高吸水性树脂在农业上应用的基础研究[J]. 北京农业大学学报, 1989, 6(1): 27-44.

[14] 黄金喜. 高聚物土壤结构改良剂的研究Ⅱ——高聚物对土壤肥料的作用[J]. 农技服务, 2015, 32(11): 89.

[15] 宋立新. 高吸水材料保肥效果试验[J]. 陕西农业科学, 1990, (6): 27.

[16] 龙明杰, 张宏伟, 谢芳, 等. 高聚物土壤结构改良剂的研究Ⅱ. 高聚物对土壤肥料的作用[J]. 土壤肥料, 2000, (5): 13-18.

[17] 贝费尔 L D, 加德纳 W H. 土壤物理学[M]. 叶和才, 华孟泽, 译. 北京: 农业出版社, 1983.

[18] 肖辉杰. 土壤保水剂持水特性及对土壤结构和林业生长的影响研究[D]. 北京: 北京林业大学, 2004.

[19] 孙立达, 朱金兆. 水土保持林体系综合效益研究与分析[M]. 北京: 中国科学技术出版社, 1995.

第7章　保水剂对土壤持水保肥能力的影响

7.1　土壤水肥的相互作用

7.1.1　水肥耦合的概念

在物理学上，耦合是指两个或两个以上的体系或运动形式之间，通过各种相互作用而彼此影响的现象。水肥耦合是物理学概念的借用，指农田生态系统中，水分和肥料两种因素或水分与肥料中的氮、磷以及钾等因素之间的相互作用对作物生长的影响及其利用效率。在土壤-植物-大气系统中，水肥耦合效应表现为两个因素或两个以上因素对植物生育的相互促进或相互制约作用[1]。

（1）水肥协同效应。即两个或两个以上体系相互作用，相互影响，相互促进其他多因素的协同效应大于各自效应之和。

（2）拮抗作用。两个或两个以上体系相互制约，相互抵消，或者一个体系中各因素相互抵消，故各因素的综合效应小于各个因素效应之和，为拮抗作用。黄土高原干旱半干旱地区肥料，特别是化学肥料回报率低，主要是土壤水分与肥料之间不协同，限制或制约了肥料效应的发挥。

（3）叠加作用。若两个或两个以上体系的作用等于各自体系效应之和，体系之间无耦合效应，称叠加作用。例如，作物种类不同，对氮、磷、钾的需要量及其比例也不相同。禾谷类作物对氮的需要量较多，氮和磷具有明显协同效应；薯类作物需钾量较多，氮和钾具有协同效应，但在没有厩肥施用情况下，氮肥和厩肥之间表现为叠加作用。

在农田土壤之中，水是溶剂，肥料多为溶质，养分物质多通过土壤矿化分解，转而发生耦合作用。在土壤-植物-大气系统中，研究植物生长发育过程中的水肥供给、吸收及矿物元素的分解、转化、迁移和相互作用等对植物生长发育的影响，以高产、优质和环境保护为宗旨，建立农田水肥耦合效应的管理模式。在长期的农业生产实践中，人们进行农业经营管理，其目的是利用各个因素的耦合创建植物和谐统一的关系，达到协同效应，创造高产优质的产品。

7.1.2　水分与养分的密切关系

作物根系吸收水分和养分是两个独立的过程，但水分和养分对于作物生长的作用却是相互制约的。无论是水分亏缺还是养分缺乏，对作物生长都会产生不利影响。

水是植物生命活动的重要因素，水分状况对植物的影响是多方面的，是决定土壤中离子以扩散方式还是以质流方式迁移的重要因素，也是化肥溶解和有机肥料矿化的决定条件。当土壤水处于田间持水量范围内时，土壤养分处于溶解状态的数量最多，离子扩散和质流所通过的营养面积最大，形成根系吸收的良好状态。土壤水分亏缺还影响养分向根系的移动速率和根系的扩展速率，并阻碍作物对养分的吸收[2]。

水分对无机离子吸收的影响十分复杂。由于植物的蒸腾作用使根系附近的水分状况变化较大，从而影响土壤中离子的溶解度以及土壤的氧化还原状况，也间接影响离子的吸收。

水分还对植物生长，特别是对根系的生长有很大的影响，也同样间接地影响养分的吸收。土壤水分状况还影响养分的有效性。研究发现，随水分供应的减少，植物体内钾的浓度减少；土壤水分状况可提高磷肥撒施的效果。缺水既可降低养分在土壤中向根表的迁移速率，也可减弱根系的吸收能力。合理施肥可调节土壤固、液、气三相的组成比例，增加蓄水保墒能力，抑制土壤蒸发，提高 WUE，增加作物产量。施肥可促进根系发育，提高作物摄取和运转土壤水分的能力。特别是增施有机肥，不仅养分全，肥效长，而且可以改善土壤结构，并协调水、肥、气、热，起到以肥调水的作用。

养分和水分是作物生长不可缺少的物质。作物所需的营养物质从土壤向根系表面移动受土壤含水量的影响，根吸收的营养物质在植物体内的运转，同样决定于载体——水的多少。因此，确定合理的施肥量必须与水分状况紧密结合。

7.1.3　肥料在农用中的损失

肥料损失是我国农业发展面临的一个问题。农业生产实践表明，由于肥料性质与土壤环境条件的综合影响，肥料利用率低是化肥使用普遍存在的问题。目前，我国化肥的当季利用率较低：氮利用率为 30%～35%，磷利用率为 10%～20%，钾利用率为 30%～35%。尤其是氮的损失，不仅会造成直接的经济损失，而且部分地区因施肥不当已引起环境污染，出现地表富营养化，地下水和蔬菜中硝态氮含量超标，氧化亚氮排放量增加等问题。因此，提高化肥利用率，减少因施肥而造成的污染，发展可持续高效农业已成为世界共同关注的问题。肥料施用中长期困扰的问题是如何控制养分的释放，维持根际足够的养分浓度以满足植物生长的需要，并使养分的损失降到最低限度。肥料施入土壤后，养分的释放不仅与土壤pH、水分、养分等条件有关，而且与作物需肥的特异性存在联系。不同类型土壤的养分状况和供肥能力存在差异，不同作物的营养特性也有变化。当今应用最广的缓释技术是以非亲水性高分子材料包膜肥料，特别是以热塑性高分子材料包膜肥料，虽然能够很好达到缓释和控释的要求，但这种肥料不仅价格昂贵，而且包膜材料在土壤中分解缓慢、含量高，带来严重的环境问题，不符合可持续发展的要求。

7.1.4　提高水分和肥料利用效率的研究现状

　　目前，旱地生产水平低下，降水的生产潜力并未得到充分发挥，水分的利用现状和生产潜力存在着极大差距。大量研究表明，土壤肥力在很大程度上左右作物产量的高低和水分的转化效益。因此，人们将过去只注重水、肥单独效应的研究[3,4]转向对水肥相互关系的研究[5,6]。近年来的研究表明，合理调配水分和肥料能起到以肥调水，以水促肥的增产作用，施肥可明显提高作物产量和WUE。水肥耦合是指农田生态系统中，水分和肥料两因素或水分与肥料中的氮、磷、钾等因素之间正向交互作用[7]。在降水量充足或灌溉栽培条件下，施肥的增产效果已得到普遍认可，而在水分不足的干旱半干旱地区施用肥料是否有利，一直是个有争议的问题。在土壤水分有限的情况下，养分亏缺对植物有不利的影响，添加某些肥料是有好处的[8]。通过施用肥料能促进根系生长，使之能从深层土壤吸收水分；通过施肥还能提高作物对干旱的忍耐能力，并且随着土壤肥力的增加，作物能在相当宽的水势范围内增加对养分的吸收，从而提高旱地作物产量。

　　在不同的干旱条件下，施肥的效果会有很大差别，不同年份，水分条件不同，施肥的效果不一样[9]。在极端干旱年份，施肥越多，受旱越严重，减产越多，但在一般干旱的条件下，施肥对作物生长和产量是有利的。研究发现，施肥会引起植物在较早的营养生长阶段水分用量的增加，引起生育后期水分胁迫加重，反而有不利的影响。同时，在土壤水分很低的情况下，养分的有效性及其利用率都大大降低。对钾素研究发现，在土壤中种植玉米，若土壤水分干湿交替，尤其是水分缺乏的状况下，会增强土壤钾素的固定，降低土壤钾的移动性，而且抑制植物生长，从而减少植物对钾离子的吸收[10]。对氮素和水分的相互关系研究发现，由于作物需要大量含氮化合物用于合成和维持生命，限制氮素的供应则可能导致含氮化合物在老的组织中转移并供同样需要能量的幼嫩组织利用。在氮素亏缺条件下，植株地上部与地下部比率下降，导致非光合组织相对增加，因此对WUE的影响是不利的。梁银丽等[11]和吕殿青等[12]研究渭北旱原农田的肥水交互效应，结果表明，旱地施肥能促进玉米根系生长，增加土壤水分吸收量，在玉米拔节期能提高土壤水势，在成熟期则降低土壤水势和叶水势；土壤水分与氮肥用量的适宜组合可以提高玉米幼苗的叶面积和根系干重，从而提高土壤水分利用率和生产率。国外也有大量相关的研究工作。Taylor等[13,14]和Jamison[15]认为施肥可以改善土壤肥力状况，有利于根的延伸和在整个土壤剖面中的分布，为作物对水分和养分的吸收利用提供条件。

　　总之，通过施肥可以改善土壤养分状况，促进根系生长，扩大作物利用土壤水分的范围，提高根系从深层吸收水分的能力，是提高作物利用土壤水分和养分的前提。不同施肥处理使玉米根系的长度、质量和体积均有不同程度的增加，使玉米根系活力增强，施氮还可以使玉米冠根发育良好，使蒸散与吸氮量提高，从而增加籽粒产量，提高作物 WUE，达到以肥调水的效果，但过量施肥则适得其反。

7.2　保水剂对土壤结构、特性及持水保肥性的影响

　　超强吸水性树脂以其优良的特性为改良土壤和改造沙漠提供很好的条件，使贫瘠干旱土壤夺丰收、沙漠变绿洲的梦想变成可能。

1. 抗旱保水

　　保水剂的最大特点是吸水量大，最大可达数千倍；保水能力高，加压时也不脱水，在自然条件下难以蒸发；保水时间长，植物有效利用水分增加，如同"分子小水库"。将保水剂分散在土壤中，就如同把许多小水库散在土壤中，当下雨（或灌水）时大量吸水，保存起来，当干旱或缺水的时候，"小水库"的水不断释放出来供植物生长、发育。保水剂可反复吸水—释水，可长期供水抗旱。不含保水剂的黄土，饱和含水量为 68%，自然状态下干燥 10d 后只含 0.5%的水，15d 后，几乎没有水（或只含微量水）。若加入 0.5%的保水剂形成混合土，灌水至饱和后，其含水量可达 120%，经过自然状态下干燥 20d，其土壤混合物中含水量有 35%，40d 后达 10%，可见其保水量大大提高，保水时间大大延长。若加入 0.5%超强保水剂形成混合土，灌水至饱和后，含水量可达到 220%，经自然干燥 50d，还保持混合土壤 35%的含水量，保水时间也显著延长。显然，由于保水剂的加入，大大增加了混合土壤的吸水能力，并使混合土壤中水的蒸发速度显著下降，干燥速度也变得缓慢。

2. 使土壤形成团粒结构

　　保水剂可以使土壤形成团粒结构，改变土壤的空隙分布，使保水剂与土壤能良好的混合，使土壤的粒度变大，土壤的空隙分布发生明显的变化，见图 7.1[16]。
　　研究表明，随着保水剂含量的增加，液相区域增加，土壤孔隙率也充分保持。保水剂与土壤混合，将土壤变成粒径 0.5mm 以上、大小均匀适合的团粒多孔型，混合土壤吸水后，含水量显著提高，尤其使液相区域增加，水分在土壤中移动能力增加，蒸发减慢，使土壤的保水性提高，特别是有效水保持时间延长，有利于植物的发育和生长。

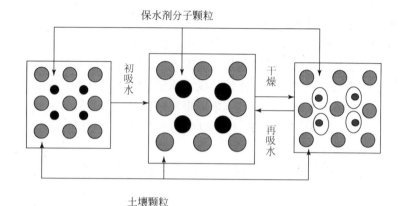

图 7.1　保水剂在土壤中的吸水模式

3. 改善土壤的温度

保水剂混入土壤，能够提高土壤的孔隙率，水分大量被保水剂吸持，自由水减少，因此土壤的温度传导率降低，使得混合土壤白天温度上升难，夜间温度下降难，加保水剂的混合土壤温度比未加保水剂的土壤白天低 1~4℃，夜间高 2~4℃，这对植物的生长发育是极有利的。

4. 吸肥保肥

植物生长发育除需要水分之外，还需要各种营养物质，如磷、钾、钙、镁、硫等多种微量元素，自 19 世纪李比西提出植物营养学说以来，现代农业已经从有机肥应用农业的传统角度发展为化肥和有机肥结合的广泛应用。

对于植物生长来讲，肥料及辅助成分，特别是主肥多数以盐的形式存在，如硫酸铵、碳酸氢铵、过磷酸钙、硫酸钙、硫酸镁、硫酸钾、硝酸钾、硝酸铵、磷酸二氢钙和尿素等，此外还有复合肥料。这些肥料施于土壤中，易溶于水，下雨或浇水的时候，由于土壤吸水性差，雨水过多，会发生水土流失，许多有用的肥料元素植物来不及吸收，就流失了，降低了施肥效果。当加入保水剂后，由于土壤吸水量大，储水量多，水土流失大大减少，溶解的肥料元素也就很少流失。保水剂是高分子网状结构，具有大量亲水性基团（阴离子性、阳离子性、羧酸基、羟基、氨基、酰胺基等），既可以吸收肥料元素中的阳离子（如 K^+、Ca^{2+}、Mg^{2+}、NH_4^+ 等），也可以吸收肥料元素中的阴离子（如 NO_3^-、SO_4^{2-}、$H_2PO_4^-$、PO_4^{3-} 等），并且可以吸收肥料中的极性基团、有机物及有机高分子。这些肥料元素被吸收在混合土壤水分中，固定不会流失，能长期保存在土壤中，并且缓慢释放，随水分被植物吸收，使肥效大大提高。另一点值得提出的是，尿素易受尿素酶的作用分解产生氨，由于保水剂有多羧酸基存在，可吸收 NH_4^+，而且由于保水剂的缓冲效应，即使产生氨也会使 pH 保持在中性，控制尿素的分解作用，减少肥料损失。

5. 提高土壤的吸湿能力

保水剂吸湿能力很强，混入土壤后会形成团粒结构从而使土壤疏松多孔。它既可以从潮湿空气中吸收水分，又可以吸收地下的水汽，增强土壤的含水能力。

6. 提高土壤的透水性和通气性

保水剂混入土壤后，由于形成较多的粒子及较大的团粒结构，使土壤疏松、多孔，通气性也大大提高，有利于植物的新陈代谢及生长发育。

7. 改善水分在土壤中的移动性

施入一定量保水剂吸水后得到的微凝胶粒子与干土壤接触，可以明显地观测到水分向土壤移动的情况，使土壤湿润起来，当凝胶含水量越大，水分移动速度也越快。说明当保水剂混入土壤，水在土壤中间很容易移动。如果采用保水剂局部混入土壤中，即使没有混入保水剂的土壤点，也由于混合土壤高含水点的水分移动而获得需要的水分。

总之，保水剂施入土壤，可提高土壤吸水性和保水性；使土壤形成团粒结构，疏松多孔，改变土壤的空隙分布状况；增强土壤的透水性和通气性；提高土壤的吸湿能力，改善水分在土壤中的移动性，使土壤中的有效水分得到保存；使土壤温度大大改善，昼夜温差降低。因此，施入保水剂的土壤能为植物提供生长发育需要的良好生活环境，为作物增产进一步创造条件。

7.3　保水剂持水保肥应用尚待解决的问题

目前，保水剂在节水农业中的应用多集中于对保水剂吸持水能力的研究，或只研究电解质对保水剂吸水的影响，关于盐分对保水剂保水效果的影响则多集中于盐分浓度影响的研究，而对盐分离子类型影响研究较少[17]。对保水剂的保肥作用也有一些研究，但对保水剂的吸肥保肥机理、保水性能与保肥功效的合理优化、保水剂与不同肥料的合理配伍、施用方法等问题研究较少[18, 19]。

与国外相比，我国保水剂应用研究中深层次的研究较少，目前仍处于小面积实验示范阶段，系统的应用研究及其节水保水机理研究还不多。对保水剂这一新的抗旱节水技术，应在不同地区、不同土壤类型、不同作物中广泛开展实验研究，总结经验，取得可靠数据以便推广应用。

目前，由于保水剂种类繁多，其应用效果又受多种因素制约，很难有一致的定性结论，应结合不同的保水剂产品和应用条件，系统地研究土壤质地、水肥条件、气候以及灌水模式等对保水剂应用效果的影响机制，探讨不同条件下保水剂的最佳施用量、施用方式，为保水剂的研制、改进、生产及其应用提供科学指导。

在保水剂的应用研究中，仍有许多问题尚待进一步解决，保水剂与水、肥、土、植、气、微生物的相互作用关系，保水剂与水、土中的盐分、肥料、矿物质等的作用，以及如何实现保水剂"保水、保肥、保土、助长、安全"五大功能的研究；施用保水剂条件下各种作物的节水灌溉制度、灌溉模式的研究；适合不同气候、地区、土壤的保水剂最佳施用量、施用方式和施肥方式的研究；施用保水剂条件下作物不同的生育阶段、不同程度亏水对水分蒸发、光合作用及产物分配与转化和对作物籽粒品质、产量的影响；以保水剂与其他旱作农业措施相结合为特征的综合保水技术研究；长期施用保水剂对作物、土壤、环境的影响及其稳定性、反复使用性研究等。通过这些关键问题的研究，将会形成一套以保水剂应用为中心的综合保水节水技术体系，充分挖掘水分生产潜力，提高降水和灌溉水利用率，大大缓解我国水资源严重短缺的局面，确保农业持续快速发展。

保水剂作为吸水性材料，使用必然会受到外界化学物质、光、热、微生物及其他条件的影响，使其作用效果受到一定程度的影响。其中化学物质如盐、酸、碱等水溶液使保水剂的吸水能力显著降低，特别是离子型保水剂耐盐性更差[20]。国内外大量研究表明，保水剂与土壤混合后，其保水效果受到保水剂类型、加入量、施用方法、土壤质地、土壤含盐量、盐分类型、灌溉方式、灌水量等许多因素的制约，其吸水保水能力远远低于在纯水中的吸水率。由于实验条件、方法不同，致使有关保水剂的很多实验结果不一，有些实验结果甚至相互矛盾。关于保水剂的吸持水特性，主要集中于对保水剂保持水分的水势及水分特征曲线的研究。在实际应用时，由于受土壤结构、水分、温度、通气状况等因素的影响，只是在一定浓度范围内，保水剂保持的水分才能被植物吸收利用。保水剂所吸收和保持的水分能否为作物利用，还取决于保水剂对水分的吸附力和植物的水分生理特征。研究发现，吸水率低的保水剂吸收的水如果减少到 1/3 左右，植物根系很难再吸收保水剂所保持的水，应把土壤水势特征与作物节水灌溉结合起来，研究保水剂持水保肥的有效性[21, 22]。

7.4　保水剂持水保肥应用研究进展及方向

7.4.1　应用研究进展

发展节水农业，提高水的有效利用率，是保证干旱半干旱地区农业可持续发展的重要问题。在限制旱地作物产量的环境因素中，最重要的是土壤水分条件，土壤水是作物生长的水分来源，以节水高产为目标的土壤水调节就是要使有限的灌水量既能满足土壤水向根系活动层的及时供应，又不产生深层渗漏而造成灌水浪费，还要尽量减少地表无效蒸发和降低土壤水向蒸腾耗水的转化效率。

在节水农业研究中，工程措施和生物措施研究得比较充分，也取得了很大成效，但节水农业是一项复杂的系统工程，涉及很多方面，随着干旱半干旱地区农业研究的深入，各种旱作农业高效栽培措施相继涌现，应用少量的化学控制剂进行农业防旱抗旱已越来越引起国内外专家的高度重视。保水剂的应用就是一项重要的节水抗旱技术。

1. 保水剂的吸水保水性能研究

日本井上光弘[23]用不同保水剂与烘干的沙丘土混合，研究不同混合率砂土的最大吸水量、吸水效率以及在反复吸水，脱水过程中和不同盐分浓度下保水剂混合沙吸水、保水能力的变化。王砚田等[24]研究国产保水剂保水性能，区分出吸水与溶胀两种不同的过程。帅修富等[25]对保水剂溶胀度的测定方法进行探讨，对溶胀度与溶液离子强度之间的函数关系进行模拟。张富仓等[26]则研究了美国产保水剂的吸水保水特性及其应用效果，对保水剂的重复吸水能力及不同水质对保水剂吸水能力的影响也有研究。陈玉水[27]对保水剂的耐盐性，保水剂在不同湿度土壤中的吸水率，保水剂在不同温度纯水中的吸水率进行了深入研究。宋影亮[28]研究了保水剂在不同单质肥料中的吸水性能，结果表明氮肥、磷肥、钾肥对保水剂的吸水性能有显著影响。

目前对保水剂吸水性能研究多集中于对不同种类保水剂吸水能力的研究，或只研究 pH、盐分浓度、离子等对保水剂吸水的影响，而对于肥料对保水剂吸水性能的影响研究并不多，尤其是对肥料影响保水剂吸水性能机理的研究更是少见。

2. 保水剂对土壤蒸发及团聚体的影响研究

土壤表面的水分蒸发是水分损失的主要原因之一。土壤中加入保水剂可减少水分蒸发量。冯金朝等[29]对含有保水剂的砂壤土蒸发量测定，表明其能减少蒸发，且保水剂用量越大保水效果越明显。日本川岛和夫[30]研究表明，保水剂种类不同，累积蒸发量相差很大，保水剂吸水率越高，累积蒸发越高，砂土保水力越高；在滴灌砂土中，加与不加保水剂蒸发量相差不大，这说明保水剂对蒸发量的影响还与灌溉方式有关。蔡典雄等[31]研究表明，保水剂抑制水分蒸发的作用随保水剂用量的加大而增大，但砂土近永久凋萎点以下或高于饱和含水量以上，保水剂抑制蒸发的效果差异逐渐减小，且各处理下释水速率符合指数下降规律。高凤文等[32]通过室内模拟实验，研究保水剂对土壤蒸发量的影响，结果表明，保水剂能够降低土壤表面蒸发量，最高达 8.96%。研究发现，保水剂掺入土壤后，土面蒸发速率增高，从而增大了土壤蒸发量，同时由于增加了土壤含水量，可延长蒸发时间。各种保水剂对不同土壤的蒸发作用一致，但作用大小有差异，在粗砂土中作用较明显，而有些研究则认为保水剂对土壤水分蒸发的影响效果没有显著差异。

汪亚峰等[33]研究保水剂对土壤水稳性团粒体及孔隙度的影响，表明土壤中施加保水剂增加了土壤中水稳性团粒体的数量，也使土壤的孔隙度增加，从而改善了土壤的通透性。黄占斌等[34]研究表明，保水剂对土壤团聚体形成有明显的促进作用，随着保水剂含量的增加，土壤胶结形成的团聚体大都是以粒径大于1mm的大团聚体状态出现，这些大团聚体对稳定土壤结构，防止表层结皮，抑制土壤蒸发有很好的作用。刘瑞凤等[35]通过模拟实际植树造林操作方法，研究不同含量梯度复合保水剂对土壤物理性质影响，结果表明，随着保水剂含量的增大，土壤中大于0.25mm的团聚体含量增加。

3. 保水剂对土壤水分的影响

保水剂能够提高土壤的吸水能力，尤其是对局部地点如植物根部土壤，能大幅度增加土壤含水量，在土壤中形成一个个"小水库"。当土壤干旱时，保水剂释放出蓄存的水分，供作物根部吸收。保水剂具有很强的保水能力，将其与土壤混合会使土壤饱和含水量明显增大，吸水率随保水剂施用量增加明显增大。

曹丽花等[36]研究表明，黄绵土在不同保水剂及其含量下土壤水分特征曲线不同，但含水量和土壤吸水力之间都符合幂函数关系式；施用保水剂之后的土壤，在吸力范围内保持的水分中为有效水。何绪生等[37]研究表明，保水缓释氮肥所持水分90%以上是植物有效水。陈海丽等[38]对两种类型保水剂在水中和土壤中的吸水、保水特性进行测定，结果表明，保水剂能增加土壤含水量，并且在一定范围内随着保水剂含量的增加而增大，淀粉类保水剂作用大于聚丙烯酸盐类。

4. 保水剂的持水保肥效应

保水剂应用于节水农业，必须满足"保水、保肥、保土、助长、安全"五大功能。因为多种肥料易溶于水，而水又处于主导地位，遵循肥随水走，以水调肥的规律，所以保水剂在保水的同时还能起到保肥的功效。一方面，保水剂能减少施用肥料的总量，减少水肥淋失，提高肥料利用率；另一方面，保水剂应用于农田灌溉时，在肥料溶解后的土壤电解质溶液中，其吸水率又会大幅度下降，因此建议土壤施用保水剂时不应与电解质肥料混施[39,40]。如何使保水剂的吸水保水作用和保肥吸肥功效都能得到充分发挥，是值得关注和研究的一个现实问题。

国内外学者对保水剂的保肥作用进行了大量的研究，证明保水剂有不同程度的保肥作用[41-43]。苏宝林[44]对不同土壤加入0.1%的保水剂对速效P、K、NH_4^+吸附作用研究后指出，土壤加入保水剂后可增加对肥料的吸附作用，减少肥料的淋失，保水剂对氨态氮有明显的吸附作用，而且保水剂用量一定时，吸肥量随肥料的增加而增大。李长荣等[39]用离心-抽滤法对保水剂与 NH_4Cl、$CO(NH_2)_2$、$Zn(NO_3)_2$ 等肥料的关系研究表明，NH_4Cl、$Zn(NO_3)_2$ 等电解质肥料降低了保水剂的溶胀度，而 $CO(NH_2)_2$ 属于非电解质肥料，使用时保水剂的保水保肥作用都能得到充分发挥，是水肥耦合的最佳选择。其研究也得出了与文献［44］相同的结果，即吸肥量随肥料浓度提高而增大。至于保水剂保肥的原因，一是树脂对肥液的溶胀"包裹"，二是外部电解质离子与保水剂内部的离子发生离子交换。邢玉芬等[42]研究保水剂单施或与肥料混施对土壤水分蒸发及团聚作用的影响。结果表明，保水剂单施或与肥料混施时，砂土、砂壤土及含盐壤土的水分蒸发量无差异，但在砂土、含盐壤土上混施时土壤团聚度与保水剂用量呈线性正相关，$CO(NH_2)_2$、NH_4HCO_3 与树脂混施对增加土壤团聚度的作用较小，其他电解质肥料与保水剂混施时有不良影响。保水剂在玉米、大豆种植的应用研究表明，保水剂能提高化肥的利用率，保水剂与尿素同时施用时玉米长势明显好于对照。川岛和夫[30]在黄瓜幼苗栽培中施用保水剂后，发现黄瓜幼苗鲜重显著增大，叶绿素含量高，比单独施肥区增产，而用玻璃柱进行的模拟实验中却未见到明显的保肥效果。宋光煜等[45]进行 VaMa 树脂保水剂化肥"包膜"的保水保肥研究，将保水剂加入一定量的填料，把化肥制成复混包膜粒肥，可变速效肥为缓效肥，减少养分损失，提高肥料利用率。该研究认为，树脂用量越高，膜越厚，养分释放越慢，土壤电导率也降低；保水剂用量少的则养分释放快，土壤电导率高，养分易流失。此外，保水剂还广泛应用于水土保持绿化侵蚀地带。

　　保水剂在保水的同时能提高肥料利用率，而电解质肥料又影响其吸水保水性能，存在一定矛盾。目前，保水剂与肥料相互作用的研究还只是一些初步分散的研究，有关保水剂的吸肥保肥机理、保水性能与保肥功效的合理优化等研究仍较少。保水剂与不同肥料的混合施用比例、施用方法以及保肥作用的影响因子等尚待进一步研究。

7.4.2　研究方向

　　目前，针对保水剂吸水性能的研究多集中于对不同种类保水剂吸水能力的研究，或只研究保水剂含量、pH、盐分浓度、离子等对保水剂吸水的影响，而对于肥料对保水剂吸水性能的影响研究并不多，尤其是对肥料影响保水剂吸水性能的机理研究更少，急需解决。

　　针对保水剂对土壤蒸发和团聚体的影响研究多为不同种类的保水剂在不同施用量下对土壤蒸发和团聚体的影响，而肥料和保水剂共同作用对土壤蒸发和团聚体的影响研究却不多见，且研究也仅是讨论肥料和保水剂共同作用是否对土壤蒸发和团聚体有影响，至于肥料减弱保水剂抑制土壤蒸发和增加团聚体能力的原因还有待研究。

保水剂对土壤的水分含量都具有一定的保持作用，农林保水剂对土壤水分能态的研究大多数针对某种类型的保水剂，对于不同品种之间保水剂对土壤水分能态的研究较少，尤其是在肥料介入条件下不同品种保水剂对土壤水分能态的研究更少。对于保水剂对土壤水分的研究基本都表明施用保水剂可以提高土壤含水量，而当土壤含水量增加了以后，植物真正可利用水分增加的比重缺少定量分析，在肥料介入条件下不同品种保水剂对土壤中植物可利用水分增加的有效性和差异性等问题急需解决。保水剂对肥料的保持作用是否和水分相一致，对于不同的土质在多大范围内对不同肥料具有持水作用还需要做深入的研究。

7.5 保水剂持水保肥研究内容和方法

7.5.1 保水剂持水保肥研究方法设计

（1）通过实验测定市场上几种常见保水剂在不同肥料溶液中的吸水率，对不同品种保水剂、同种保水剂不同粒径在不同肥料溶液中的吸水率进行比较，分析肥料对保水剂吸水性能影响的机理。

（2）通过实验测定不同规格保水剂在不同含量下与不同浓度肥料混合对土壤累积蒸发量和团聚体的影响，分析肥料与保水剂相互作用下对土壤蒸发量和团聚体影响机理。

（3）将不同含量的保水剂和不同浓度肥料与土壤混合，通过离心法测定土壤持水曲线，探索保水剂与肥料在土壤中相互作用下的持水能力，对土壤水分特征曲线的影响以及对土壤有效水的影响，分析保水剂与肥料相互作用下对土壤水分运动特性的影响机制。

（4）通过模拟土柱淋溶实验，研究在不同肥料作用下保水剂对土壤中养分和水的保持能力，以分析淋溶液中养分含量和淋溶液体积的变化，从而评价不同保水剂对不同肥料的持水保肥作用。

（5）选用最佳性能的保水剂和肥料，研究在单施保水剂和保水剂与肥料混合两种不同情况下对植物生长、生理指标的影响，分析这两种不同情况下植物的最佳灌溉用水量及节约水资源的经济效益[46]。

7.5.2 保水剂在肥料溶液中吸水率的测定方法

保水剂的高分子长链相互靠拢，纠缠在一起，彼此交联成三维网络结构，从而达到在整体上紧固。保水剂施入土壤后，能增强土壤对 PO_4^{3-}、K^+ 和 Ca^{2+} 等的吸附能力，增强土壤对肥料的保持性能。然而，在肥料溶解后的土壤电解质溶液中，保水剂的吸水率又会大幅度下降，从而影响其保水性能。已有大量研究表明，尿素是非电解质肥料，对保水剂的吸水性能影响很小，保水剂的吸水率不随尿素溶液浓度的增加而下降。

1. 保水剂在去离子水中的吸水率测定方法

保水剂的吸水率通常是指保水剂吸收的去离子水质量与保水剂自身质量的比值，与其自身的组成和结构有关。研究表明，保水剂的吸水率受水溶液中 pH 和离子浓度等因素影响较大[47]。由于去离子水的成本比较高，因此在实际应用过程中，可采用自来水。用电子天平称取定量干燥的保水剂，然后放入烧杯中，再加入足量去离子水，让其充分吸水。24h 后先用滤网将保水剂取出，再用无纺布和滤纸过滤掉多余水分，然后将其称重，最后用式（7.1）计算出保水剂的吸水率。重复 5 次操作，取平均值。

$$Q = （m_2 - m_1） / m_2 \qquad\qquad (7.1)$$

式中，m_1 为干燥的保水剂质量（g）；m_2 为保水剂吸水饱和后的质量（g）；Q 为保水剂的吸水率（g/g）。

2. 保水剂在肥料溶液中的吸水率测定方法

称取定量干燥的保水剂，装入孔径 880μm 尼龙网袋中，将装有保水剂的尼龙网袋分别放入不同浓度肥料溶液中，让其充分吸水，后将尼龙网袋提起悬空，过滤 1h，根据式（7.1）计算保水剂在不同浓度肥料溶液中的吸水率。重复 5 次操作，取平均值。

7.5.3　保水剂持水保肥研究方法与技术路线

1. 研究方法

根据保水剂持水保肥研究设计方案，通过常规实验测定保水剂的吸水率[48]；测定土壤团聚体采用沙维诺夫分级法[49]；测定土壤蒸发量采用称重法[50]；用称重法测定土壤饱和含水量，通过离心法测定土壤持水曲线和有效水含量[51]；用模拟土柱淋溶实验研究保水剂对土壤中持水保肥作用；氮的测定采用凯氏定氮法；磷的测定采用碳酸钠碱熔-钼锑抗比色法；钾的测定采用 NaOH 熔融-火焰光度法[52]；用盆栽的方法测定保水剂与肥料对早熟禾生长、生理指标的影响；用称重法测定植物的蒸散量。

2. 技术路线

保水剂持水保肥作用研究技术路线如图 7.2 所示。

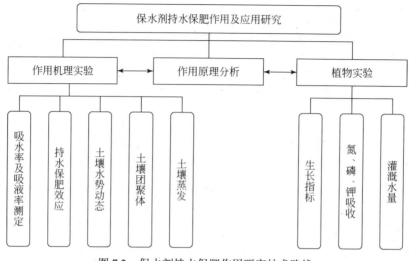

图 7.2　保水剂持水保肥作用研究技术路线

7.6　保水剂在不同肥料溶液中的吸水率变化规律

目前，针对保水剂的多数研究是对比几种不同保水剂的持水保肥性能以及对土壤性状改变的性能。针对肥料与保水剂共同作用的研究也仅限于施入肥料对保水剂持水保肥性能的影响及对土壤性状的影响，至于肥料影响保水剂的持水保肥性能和土壤性状的原因却没有进行更具体的分析。对这些问题更深入的研究应将肥料与保水剂的作用进一步深化为保水剂自身构造与离子的相互作用，从保水剂自身的三维网状结构，离子的同性相斥、异性相吸以及离子浓度差的原理出发，分析肥料是如何对保水剂的持水保肥以及土壤性状产生影响的，以揭示保水剂与肥料相互作用的机理。具体研究方法通过选用几种常用的保水剂和肥料，首先研究不同保水剂在不同肥料溶液中的吸水率，其次研究肥料与保水剂混对土壤蒸发及团聚体的影响，再次分析肥料与保水剂共同作用的土壤水分-能量关系以及保水剂持水保肥效应，最后以具体植物为研究对象进行应用效果检验。其目的在于首先通过实验遴选出几种常用保水剂和肥料中最好的组合，并通过实验验证保水剂与肥料相互作用机理的确性，从而找到肥料与保水剂相互作用的最根本原因。对实际应用中保水剂和肥料的遴选以及对添加肥料的复合型保水剂的研制都有重要的指导意义，最终达到国家提倡的节约水资源，提高肥料利用率的目的。

7.6.1　研究材料

（1）肥料。单质肥料中常用的 3 种肥料为氯化铵、氯化钾、磷酸二氢钙；常用的三种复合肥料即复合肥 1、复合肥 2、复合肥 3，见表 7.1。

表 7.1　常用的 3 种复合肥料

肥料类型	主要成分	氮磷钾质量比/%
复合肥 1	硫酸铵、硫酸钾	50:0:50
复合肥 2	氯化铵、磷酸二氢钾、硫酸钾	40:20:40
复合肥 3	尿素、磷酸二氢钾、氯化钾	60:20:20

（2）土壤。褐土为我国北方山区分布的最广泛的一种土壤类型，主要分布于半干旱、半湿润地区的山地和丘陵。

（3）保水剂。目前，国内外保水剂分为两大类，一类是丙烯酰胺-丙烯酸盐共聚交联物；另一类是淀粉接枝丙烯酸盐共聚交联物。最常用是丙烯酰胺-丙烯酸盐共聚交联物。这里选用的 3 种保水剂在目前市场上应用得比较多，它们对研究肥料对保水剂的相互作用比较有代表性（表 7.2）。

表 7.2　3 种保水剂的类型与成分

保水剂名称	保水剂类型	保水剂成分（共聚物）	生产厂家
法国爱森（A1）	TM-3005KM 大颗粒	丙烯酰胺-丙烯酸钾	法国爱森公司
法国爱森（A2）	TM-3005KM 小颗粒	丙烯酰胺-丙烯酸钾	法国爱森公司
德国德固赛（B1）	STOCKOSORB 大颗粒	甲基丙烯酸酯-丙烯酰胺	德国德固赛股份公司
德国德固赛（B2）	STOCKOSORB 小颗粒	甲基丙烯酸酯-丙烯酰胺	德国德固赛股份公司
山东沃特（C）	沃特新型多功能保水剂	丙烯酰胺-凹凸棒土	山东东营华业新材料有限公司

7.6.2　保水剂在去离子水中的吸水率

不同品种保水剂在去离子水中的吸水率是不同的。A1、A2、B1、B2 和 C 5 种保水剂的吸水率结果如表 7.3 所示。

表 7.3　不同品种保水剂在去离子中的吸水率

保水剂品种	A1	A2	B1	B2	C
吸水率/（g/g）	438	457	430	448	455

注：A1、B1 为大颗粒保水剂；A2、B2 为小颗粒保水剂。

由 7.3 表可以看出，5 种品种保水剂在去离子水中的吸水率各不相同，吸水率从大到小依次为 A2＞C＞B2＞A1＞B1。其中 A2 的吸水率最大，为 457g/g，B1 的吸水率最小为 430g/g，最大吸水率和最小吸水率相差 27g/g。从表 7.3 还可看出，就同一种保水剂而言，小颗粒的吸水率比大颗粒的吸水率要大，如 A2＞A1，B2＞B1。

7.6.3　不同浓度单质肥料对保水剂吸水率的影响

（1）NH_4Cl 溶液对保水剂吸水率的影响。不同浓度 NH_4Cl 溶液对 5 种不同品种保水剂吸水率见图 7.3（a）。结果表明，不同品种保水剂的吸水率都随着 NH_4Cl 溶液浓度的增加而逐渐降低；A2 的吸水率受 NH_4Cl 溶液的影响最小，B1 的吸水率受 NH_4Cl 溶液的影响最大；同种保水剂，粒径小的吸水率大于粒径大的吸水率。

（2）$Ca(H_2PO_4)_2$ 溶液对保水剂吸水率的影响。不同浓度 $Ca(H_2PO_4)_2$ 溶液对 5 种不同品种保水剂吸水率见图 7.3（b）。研究发现，随着 $Ca(H_2PO_4)_2$ 溶液浓度的增加，5 种保水剂吸水率都在逐渐降低；在 $Ca(H_2PO_4)_2$ 溶液中 A2 吸水率最大，B1 吸水率最小；小粒径的吸水率要远大于大粒径的吸水率。

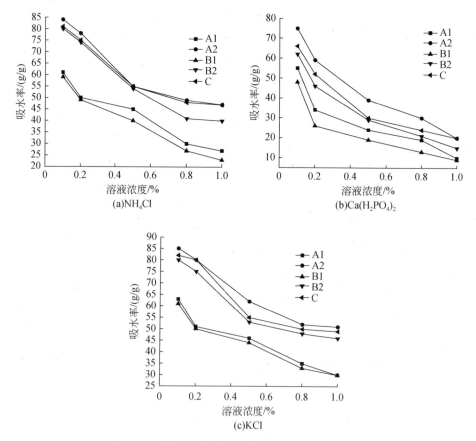

图 7.3　不同浓度单质肥料溶液中保水剂的吸水率

（3）KCl 溶液对保水剂吸水率的影响。图 7.3（c）为 KCl 溶液对 5 种不同品种保水剂吸水率的影响。可见，5 种保水剂的吸水率都随着 KCl 溶液浓度的增加而在逐渐降低；在 KCl 溶液中 A2 吸水率最大，B1 吸水率最小；小粒径保水剂的吸水率要远大于大粒径的吸水率[46]。

7.6.4 不同浓度复合肥溶液对保水剂吸水率的影响

（1）复合肥 1 溶液对保水剂吸水率的影响。图 7.4（a）为复合肥 1 溶液对 5 种不同品种保水剂吸水率的影响。可见，在复合肥溶液中，不同品种保水剂表现出不同的吸水率，随着复合肥溶液浓度的增加而逐渐降低。复合肥溶液对 A2 的吸水率影响最小，对 B1 的吸水率影响最大。吸水率与保水剂粒径大小也有很大关系，表现为粒径小的吸水率远大于粒径大的吸水率，即 B2>A1>B1，A2>C>B2>A1>B1。

（2）复合肥 2 溶液对保水剂吸水率的影响。对 5 种同品种保水剂在复合肥 2 溶液吸水率如图 7.4（b）。可以看出，随着复合肥 2 溶液浓度的增加，5 种保水剂吸水率都是在逐渐降低。在复合肥 2 溶液浓度为 0.1%和 0.2%时，A2 与 C 的吸水率相对较；在复合肥 2 溶液浓度为 0.8%和 1.0%时，C 的吸水率最大。同样，小粒径保水剂的吸水率要远大于大粒径的吸水率。

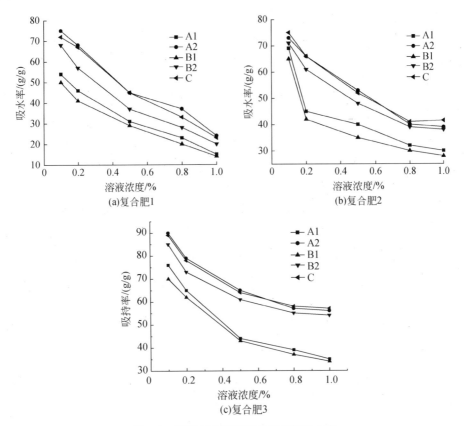

图 7.4 不同复合肥溶液中保水剂吸水率

（3）复合肥 3 溶液对保水剂吸水率的影响。5 种保水剂在复合肥 3 溶液吸水率如图 7.4（c）。可见，随着复合肥 3 溶液浓度增加，5 种保水剂吸水率逐渐减小。在复合肥溶液浓度为 0.1%和 0.5%时，A2 和 C 的吸水率相对较大；在复合肥溶液浓度为 0.8%和 1.0%时，C 的吸水率最大，这说明复合肥 3 溶液浓度的增加对 A2 吸水率的影响要大于对 C 的影响。A2 与 C 的吸水率无明显差异。小粒径的吸水率要远大于大粒径的吸水率。

7.6.5　保水剂在不同肥料溶液中的吸水率

5 种不同品种保水剂在不同肥料溶液中的吸水率如图 7.5 所示。从图中曲线变化趋势可知，随着肥料溶液浓度的变化，5 种保水剂在复合肥 3 溶液中的吸水率基本都是最大的，而在磷酸二氢钙溶液中的吸水率则都是最小的。这说明复合肥 3 对这几种保水剂吸水性能影响最小，是几种肥料中最好的选择。分析原因是复合肥 3 的质量比为尿素∶磷酸二氢钾∶氯化钾=30∶10∶10，其中尿素质量分数为 60%，而尿素为非电解质，几乎不影响保水剂的吸水率。

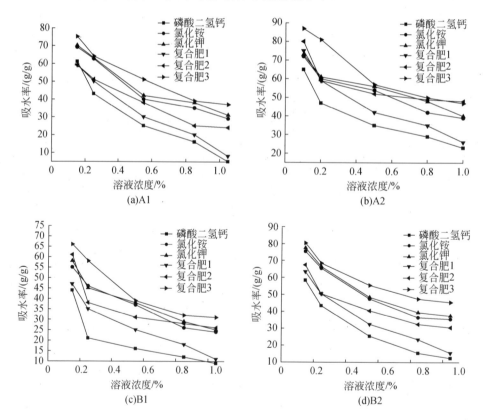

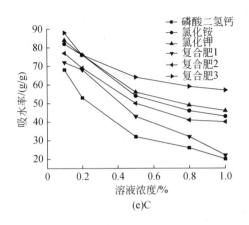

图 7.5　5 种保水剂在不同肥料溶液中的吸水率

7.6.6　保水剂与肥料的相互作用研究结果

保水剂是一种交联型高分子电解质。保水剂吸水原理是高分子链中的大量酰胺和羧基亲水基团在水溶液中发生电离，阴离子固定在高分子链上，当电离产生的阴离子逐渐增多时，阴离子之间的互斥力就会使保水剂产生溶胀现象；而阳离子数量也在电离过程中逐渐增多，会在保水剂内部网络与水溶液之间形成离子浓度差，进而产生渗透压，水就会随着压力进入保水剂内部，这就是保水剂吸水膨胀的原因。但是保水剂的吸水和溶胀并不是无限制的，当离子差产生的压力不能与保水剂自身的交联网络结构对抗以及氢键的作用时，保水剂的吸水就达到饱和[53, 54]。

保水剂与肥料的相互作用，从原理上是保水剂与各种离子的相互作用。由于保水剂的内部结构是交联网状结构，且在水溶液中带有负电荷，因此会吸附溶液中的阳离子，使得高分子链上的阴离子数量减少，从而减小阴离子之间的互斥力，减弱保水剂的溶胀度；肥料溶液中由于电离作用，产生相应的阳离子，降低保水剂内部与溶液之间的离子浓度差，从而降低渗透压，减少水进入保水剂内部的量，这些原因最终造成保水剂吸水率的下降。肥料溶液浓度增大时，相应溶液中的离子浓度就增加，根据以上作用原理的分析可得出，肥料溶液浓度增大会减弱保水剂的吸水性能。

不同种类的保水剂具有不同的分子结构、离子种类以及亲水基团等，它决定了不同种类保水剂对水的吸收能力各不相同。在肥料溶液中，氮肥主要以铵态氮形式存在，磷肥主要以 HPO_4^{2-}、$H_2PO_4^-$ 存在，钾肥主要以 K^+ 存在。氯化铵和氯化钾具有相同的阴离子 Cl^-，而不同的是其阳离子分别是 NH_4^+ 和 K^+。研究表明，氯化铵对保水剂吸水率的影响比氯化钾要大，这说明 NH_4^+ 抑制保水剂吸水性能的能力要强于 K^+。磷酸二氢钙溶液中含有 $H_2PO_4^-$ 和 Ca^{2+}，上述实验中磷酸二氢钙对保水剂吸水率的影响比其他肥料都要大，是因为 Ca^{2+} 与保水剂内部的离子浓度差比 NH_4^+ 和 K^+ 要小，这些结果与杜建军等[55]一致。高价态阳离子对保水剂吸水性能的影响比低价态阳离子要大[55-57]。

研究表明，尿素对保水剂吸水性能的影响很小，这是因为尿素为非电解质，在水溶液中几乎没有离子存在，而肥料主要是依靠离子对保水剂产生影响，因此尿素也就不会影响保水剂的吸水性能。复合肥 3 由于含有的非电解质肥——尿素的量多，含有的磷酸二氢钾和氯化钾中的离子对保水剂的影响也相对较小，因此复合肥 3 对保水剂的影响是几种肥料中最小的。研究还表明，同一种保水剂，小颗粒的吸水率要比大颗粒的吸水率大，这是因为小颗粒具有比大颗粒更大的表面积，具有更强的吸附能力，即保水剂粒径越大，吸水率越小。

7.7　氮、磷、钾化肥对保水剂吸水率的影响

作为一类新型功能性材料，保水剂以其高度溶胀能力，对土壤结构的改良和对水肥的保持作用，广泛应用于农业、医疗、卫生、土建和食品行业。现代高分子化学研究认为，保水剂大多是高分子电解质，其溶胀力和吸水率受溶液中盐类的影响。当聚合物在浓盐溶液中，与在无盐溶液中相比，其膨胀能力降低。虽然保水剂施用于土壤，土壤溶液中盐分对保水剂溶胀力和吸水率的影响有别于单一的纯盐溶液，但这种影响依然存在，只是程度不同而已。尽管保水剂在盐溶液中吸水能力降低，但保水剂在大量吸水的同时，由于具有高分子网状结构和大量亲水性基团，进入网状结构内部的分子或离子可以以交换吸附、电荷激活、配位、氢键和聚合物大分子"包裹"等形式而吸持下来，在凝胶性能和外界条件变化时又能缓慢地释放出来。如果这种盐分是营养性盐分，这种吸持作用就会对土壤或肥料养分起到一定的缓释作用[58,59]。

目前，有关保水剂吸水能力方面的研究多集中于对去离子水、生理盐水、人工尿等方面的研究，而对于不同浓度的盐类对保水剂吸水能力的影响研究较少。在节水农业方面，研究如何根据土壤、肥料特性，选择适宜的保水剂和肥料种类，减少盐分（肥料）对保水剂的影响，氮、磷、钾肥料对保水剂持水保肥性能的影响等，可为保水剂正确使用和进一步开发高吸水、高保水、耐盐性强、缓释好、长寿命、低成本的新型保水剂提供理论依据[60]。

7.7.1　实验材料与方法

（1）实验材料。常用氮、磷、钾化肥主要成分见表 7.4。

表 7.4　常用氮、磷、钾化肥主要成分

肥料类型	主要成分
氮肥	尿素、碳酸氢铵、硫酸铵、氯化铵
磷肥	磷酸二氢铵、过磷酸钙
钾肥	氯化钾、硫酸钾

（2）保水剂。实验用保水剂基本性质见表 7.5。

表 7.5　实验用保水剂基本性质

保水剂品种	共聚物类型	粒径/mm	吸水率/（g/g）	生产厂家
PRKM	聚丙烯酰胺-丙烯酸盐	0.23～0.40	290	北京汉力葆科贸中心
DM	聚丙烯酰胺-丙烯酸盐	0.23～0.40	230	珠海得米化工有限公司
KH	交联聚丙烯酸钠	0.23～0.40	270	河北保定科瀚树脂有限公司

7.7.2　氮肥对保水剂持水保肥性能的影响

1. 尿素

在 25℃条件下，三种保水剂 PRKM、DM、KH 在尿素质量浓度达到 60%时依然保持比较高的吸水率，而尿素已难溶解，因此尿素与保水剂作用的浓度设置为 0、10%、20%、30%、40%、50%和 60%。表 7.6 和表 7.7 分别为不同品种保水剂在不同浓度尿素中的吸水率及氮吸持率。

表 7.6　不同品种保水剂在不同浓度尿素中的吸水率

保水剂品种	不同浓度尿素下的吸水率/（g/g）						
	0	10%	20%	30%	40%	50%	60%
PRKM	100	94	83	79	73	49	49
DM	100	80	68	67	66	58	53
KH	100	85	79	78	77	56	54

表 7.7　不同保水剂在不同浓度尿素中的氮吸持率

保水剂品种	不同浓度尿素下的氮吸持率/%						
	0	10%	20%	30%	40%	50%	60%
PRKM	0	33	35	36	37	39	45
DM	0	24	30	30	32	47	53
KH	0	29	32	36	40	41	42

从表 7.6 看出，尿素使三种保水剂的吸水率显著降低。随着尿素浓度的逐渐增大，三种保水剂在溶液中的吸水率随之降低，但在不同尿素浓度下保水剂的吸水率差异并不一致。总的看来，吸水率与尿素浓度之间呈显著的负相关关系，见图 7.6。

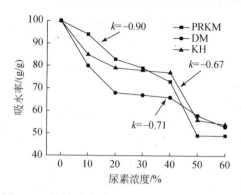

图 7.6　不同保水剂在不同浓度尿素中的吸水率

在图 7.6 中，对曲线进行线性拟合后所得的直线斜率 k 大小表示保水剂吸水率对尿素浓度影响的敏感程度，排序为：PRKM＞DM＞KH。k 越小，表示保水剂吸水率对肥料浓度越敏感，肥料对保水剂吸水率影响较大。k 也表示了尿素浓度增加单位量时，保水剂吸水率的下降值。在尿素浓度为 0～60%时，浓度每增加10%，对应的 PRKM、DM 和 KH 的吸水率分别下降 9.0、6.7和7.0，可见尿素对三种保水剂的影响程度按 PRKM、KH、DM 次序依次降低，它们之间有显著差异。当尿素浓度为 60%（饱和溶液）时，PRKM、DM 和 KH 的吸水率分别为49g/g、53g/g 和 54g/g，相对于在去离子水中的吸水率分别下降 52%、50%和 46%。

虽然保水剂的吸水率随尿素浓度的增加而显著降低，但由于尿素浓度是逐渐增大的，保水剂对氮吸持率也随尿素浓度的增加而增加，其变化规律见图 7.7。其中保水剂 DM 在尿素浓度为 60%（饱和溶液）时，氮吸持率高达 53%，与尿素浓度为 10%时比较，氮吸持率增幅为 121%；其次是 KH，尿素浓度从 10%增加到 60%时，氮吸持率增幅为 45%；相同条件下比较，PRKM 氮吸持率增幅只有 36%。

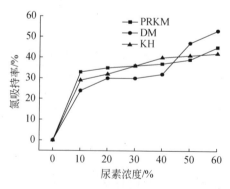

图 7.7　不同保水剂在不同浓度尿素中的氮吸持率

2. 碳酸氢铵、硫酸铵、氯化铵

三种保水剂 PRKM、DM、KH 在碳酸氢铵、硫酸铵和氯化铵溶液浓度分别为 10%、15%、20% 时的吸水率几乎无变化，因此这三种肥料与保水剂作用的最大浓度设置为 10%，浓度梯度分别为 0、0.2%、0.4%、0.8%、1.6%、3.2%、6.4% 和 10.0%。

（1）PRKM、DM、KH 在不同浓度碳酸氢铵中的吸水率及氮吸持率见表 7.8。

表 7.8　不同浓度碳酸氢铵对不同保水剂吸水率及氮吸持率的影响

碳酸氢铵浓度/%	PRKM		DM		KH	
	吸水率/（g/g）	氮吸持率/%	吸水率/（g/g）	氮吸持率/%	吸水率/（g/g）	氮吸持率/%
0	100	0	100	0	100	0
0.2	37	24	41	22	40	23
0.4	27	20	30	21	29	21
0.8	21	15	25	15	25	16
1.6	18	14	20	14	20	15
3.2	13	11	16	9	16	10
6.4	11	7	13	6	13	7
10.0	8	8	11	5	11	6

（2）PRKM、DM、KH 在不同浓度硫酸铵中的吸水率及氮吸持率见表 7.9。

表 7.9　不同浓度硫酸铵对不同保水剂吸水率及氮吸持率的影响

硫酸铵浓度/%	PRKM		DM		KH	
	吸水率/（g/g）	氮吸持率/%	吸水率/（g/g）	氮吸持率/%	吸水率/（g/g）	氮吸持率/%
0	100	0	100	0	100	0
0.2	30	18	34	17	31	25
0.4	23	16	26	11	24	17
0.8	19	12	21	11	19	9
1.6	15	7	18	6	16	6
3.2	14	6	16	6	13	4
6.4	11	6	14	4	11	3
10.0	10	9	13	10	10	5

（3）PRKM、DM、KH 在不同浓度氯化铵中的吸水率及氮吸持率见表 7.10。

表 7.10　不同浓度氯化铵对不同保水剂吸水率及氮吸持率的影响

氯化铵浓度/%	PRKM		DM		KH	
	吸水率/（g/g）	氮吸持率/%	吸水率/（g/g）	氮吸持率/%	吸水率/（g/g）	氮吸持率/%
0	100	0	100	0	100	0
0.2	27	10	29	11	27	9
0.4	19	9	21	1	22	8
0.8	17	8	18	5	18	8
1.6	13	7	15	5	15	6
3.2	12	8	12	7	12	6
6.4	11	8	12	6	12	3
10.0	9	9	11	10	11	3

可以看出，三种肥料对三种保水剂吸水率的影响远远超过尿素的影响。在肥料溶液浓度仅为 0.2%时，三种保水剂的吸水率大幅度下降到27%～41%。随着肥料溶液浓度的增加，吸水率逐渐降低。在肥料浓度为 10%时，三种保水剂的吸水率下降到 10%左右。

（4）三种保水剂分别在碳酸氢铵、硫酸铵和氯化铵溶液的吸水率如图 7.8 所示。在图 7.8 中，线性拟合后直线斜率大小表示保水剂吸水率对肥料浓度影响的敏感程度。直线斜率越大，表示保水剂吸水率对肥料浓度越敏感，肥料对保水剂吸水率影响较大。三种肥料对三种保水剂吸水率的影响均达到极显著水平。虽然不同肥料溶液浓度下三种保水剂的吸水率差异并不一致，但总体来看，三种肥料对保水剂吸水率影响顺序是一致的，即碳酸氢铵＞硫酸铵＞氯化铵。

（5）由保水剂 PRKM、DM、KH 分别在碳酸氢铵、硫酸铵和氯化铵溶液中氮吸持率的分析可知，三种肥料对三种保水剂的影响程度也是按 PRKM、KH、DM 次序依次降低。三种保水剂在三种肥料溶液中对氮吸持量随肥料溶液浓度的增大而增大，但由于受吸水率猛烈降低的影响，肥料吸持率远低于尿素处理。PRKM、DM、KH 在碳酸氢铵溶液中对氮吸持率，从 0.2%浓度到 10.0%浓度，分别降低 367%、77%和 74%。

由于碳酸氢铵溶液浓度也是逐渐增大的，保水剂对氮吸持量在增加的同时，吸持率却是逐渐在下降；三种保水剂在碳酸氢铵浓度为 10.0%时，对氮吸持率均下降到 6%左右，和在 0.2%的溶液中的吸持率比较，分别下降了 77%、75%和 72%。三种保水剂在硫酸铵、氯化铵溶液种对氮素的吸持规律与在碳酸氢铵溶液中情况类似，只是差异程度不同而已。三种肥料因为含氮量差异较大，即使在加入保水剂前肥料溶液浓度相同，但溶液中的全氮数量差异较大，所以用氮吸持率比较不同保水剂对氮吸持差异更客观些。

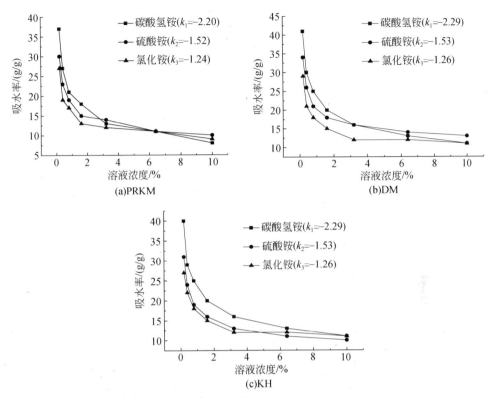

图 7.8　三种保水剂分别在碳酸氢铵、硫酸铵和氯化铵溶液中的吸水率

k_1、k_2、k_3 分别表示三条曲线线性拟合后的直线斜率

比较最大肥料溶液浓度时三种保水剂对氮吸持率大小见图 7.9。可见三种保水剂对肥料氮吸持率大小顺序基本为：DM＞PRKM＞KH。

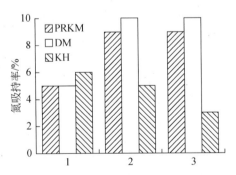

图 7.9　三种保水剂在不同肥料中氮吸持率

1-碳酸氢铵；2-硫酸铵；3-氯化铵

同样，在最大浓度下三种肥料在不同保水剂氮吸持率见图 7.10。通过比较可

见三种肥料氮吸持率大小顺序为：硫酸铵＞氯化铵＞碳酸氢铵。

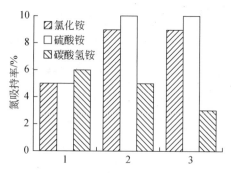

图 7.10　三种肥料在不同保水剂中氮吸持率

1-PRKM；2-DM；3-KH

3. 硝酸铵

实验所用的三种保水剂均为阴离子型保水剂，对阳离子的吸持是主要的。硝酸铵肥料中兼有 NH_4^+ 和 NO_3^-，它对保水剂的吸水率及养分吸持作用的影响见表 7.11。

表 7.11　不同浓度硝酸铵对不同保水剂吸水率及养分吸持的影响

硝酸铵浓度/%	PRKM				DM				KH			
	吸水率/（g/g）	NH_4^+吸持量/（mg/g）	NO_3^-吸持量/（mg/g）	氮吸持率/%	吸水率/（g/g）	NH_4^+吸持量/（mg/g）	NO_3^-吸持量/（mg/g）	氮吸持率/%	吸水率/（g/g）	NH_4^+吸持量/（mg/g）	NO_3^-吸持量/（mg/g）	氮吸持率/%
0	100	0	0	0	100	0	0	0	100	0	0	10
0.2	34	242	28	42	36	302	22	51	33	186	14	31
0.4	25	297	43	30	27	306	23	26	26	242	14	20
0.8	20	351	34	13	21	336	25	14	21	245	24	10
1.6	17	528	22	10	16	481	39	10	17	351	32	7
3.2	14	644	54	6	15	544	70	6	14	521	32	5
6.4	12	851	44	4	12	899	73	5	11	660	33	3
10.0	10	1154	136	4	11	1415	77	4	10	728	38	2

由图 7.11 可见，三种保水剂吸水率与肥料溶液浓度之间直线斜率比较接近，其中硝酸铵对三种保水剂吸水率影响最大的是 KH，其次是 DM，最小的是 PRKM。

从表 7.11 中 NH_4^+-N 和 NO_3^--N 吸持量发现，保水剂对硝酸铵肥料氮的吸持以 NH_4^+-N 为主，占总吸持量的 90% 以上，不论 NH_4^+-N 还是 NO_3^--N，吸持量均随肥料浓度的增加而增加。最大硝酸铵浓度下，保水剂对肥料氮吸持率规律为：DM＞PRKM＞KH。

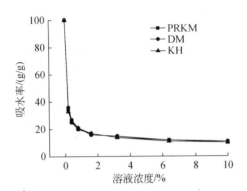

图 7.11　三种保水剂在硝酸铵溶液中的吸水率

7.7.3　磷肥对保水剂持水保肥性能的影响

1. 磷酸二氢铵

磷酸二氢铵虽为复合肥，但其主要成分为磷素，常作为制造复合肥时的磷肥原料。实验中磷酸二氢铵在其浓度为 1.6%～2.4% 时，三种保水剂的吸水率均下降到一个比较稳定的值，因此在选择磷酸二氢铵浓度时最大浓度只到 2.0%，设置浓度分别为 0、0.2%、0.4%、0.8%、1.2%、1.6% 和 2.0%。保水剂 PRKM、DM、KH 在磷酸二氢铵溶液中的吸水率以及对氮、磷（以 P_2O_5 计）吸持见表 7.12。

表 7.12　不同浓度磷酸二氢铵对不同保水剂吸水率及养分吸持的影响

磷酸二氢铵浓度/%	PRKM			DM			KH		
	吸水率/（g/g）	氮吸持率/%	磷吸持率/%	吸水率/（g/g）	氮吸持率/%	磷吸持率/%	吸水率/（g/g）	氮吸持率/%	磷吸持率/%
0	100	0	0	100	0	0	100	0	0
0.2	35	17	40	38	28	32	36	22	42
0.4	25	10	32	28	20	28	28	15	34
0.8	20	9	25	22	9	22	22	11	22
1.2	17	8	19	18	8	17	17	9	16
1.6	13	8	9	16	7	5	5	8	9
2.0	12	7	4	15	6	2	2	7	3

由表 7.12 可以看出，磷酸二氢铵对三种保水剂吸水率的影响和氮肥不同。在肥料浓度仅为 0.2%时，三种保水剂的吸水率下降到 35～38g/g；随着肥料浓度的增加，吸水率逐渐降低。在肥料浓度为 2.0%时，三种保水剂的吸水率下降到 2～15g/g。

从图 7.12 可见，磷酸二氢铵对三种保水剂相对吸水率的影响均达比较显著水平。虽然不同肥料溶液浓度下三种保水剂的吸水率差异并不一致，总体来看，磷酸二氢铵对保水剂吸水率影响顺序是一致的，即 PRKM＞DM＞KH。

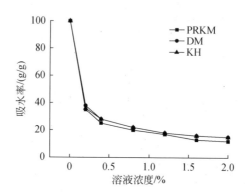

图 7.12　三种保水剂在磷酸二氢铵溶液中的吸水率

由于磷酸二氢铵溶液中既有 PO_4^{3-}，又有 NH_4^+，保水剂在大量吸水的同时也吸持 PO_4^{3-} 和 NH_4^+，但是吸持 PO_4^{3-} 和 NH_4^+ 规律也不相同。随着磷酸二氢铵浓度的增大，三种保水剂氮吸持量随之增大，而磷吸持量总是先增大后减小，并且实验所用的三种保水剂在磷吸持量最大量的点都是磷酸二氢铵溶液浓度为 0.2‰，PRKM、DM 和 KH 磷吸持率在磷酸二氢铵溶液浓度从 0.2%增大至 2.0%时，分别降低了 90%、94%和 93%。

2. 过磷酸钙

过磷酸钙中一般副成分较多，对保水剂吸水率的影响更显著。由于过磷酸钙中的杂质比较多，在其浓度分别为 0.8%、1.0%、1.2%时，三种保水剂的吸水率基本无变化，因此将过磷酸钙的浓度梯度设置为 0、0.05%、0.1%、0.2%、0.6%、0.4%和 0.8%。

表 7.13 表明，低浓度的过磷酸钙溶液可使保水剂的吸水率发生很大变化，过磷酸钙浓度仅为 0.05%时，保水剂 PRKM、DM 和 KH 的吸水率分别为 55g/g、55g/g 和 57g/g，但是到浓度为 0.8%时，PRKM、DM 和 KH 的吸水率分别降为 10g/g、13g/g 和 4g/g，降幅分别为 82%、76%和 93%，其中尤以 KH 变化最为明显。

表 7.13　不同浓度过磷酸钙对不同保水剂吸水率及养分吸持的影响

过磷酸钙浓度/%	PRKM		DM		KH	
	吸水率/（g/g）	磷吸持率/%	吸水率/（g/g）	磷吸持率/%	吸水率/（g/g）	磷吸持率/%
0	100	0	100	0	100	0
0.05	55	36	55	36	57	39
0.1	30	26	35	29	37	30
0.2	25	19	27	20	20	20
0.4	15	7	17	8	7	8
0.6	13	4	15	4	5	4
0.8	10	3	13	3	4	3

　　三种保水剂的吸水率与过磷酸钙溶液浓度之间关系如图 7.13 所示。结果表明，过磷酸钙对三种保水剂吸水率影响最大的是 KH，其次是 PRKM，最小的是 DM。

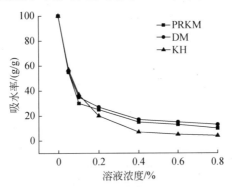

图 7.13　三种保水剂在过磷酸钙溶液中的吸水率

　　和保水剂在磷酸二氢铵溶液中对磷的吸持类似，对 PRKM、DM 和 KH 来说，保水剂对磷吸持率很小，相同过磷酸钙浓度下，KH 下降幅度最大，DM 次之，PRKM 吸水率下降幅度最小，但对磷吸持率 PRKM 变化则最小，如图 7.14 所示。

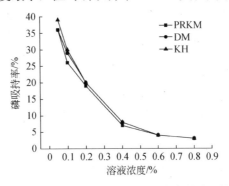

图 7.14　三种保水剂在过磷酸钙溶液中的磷吸持率

7.7.4　钾肥对保水剂持水保肥性能的影响

　　氯化钾和硫酸钾在其溶液浓度为 10.0%和 15.0%时，三种保水剂的吸水率均下降到一个比较稳定的值，因此在选择氯化钾和硫酸钾浓度时最大的只设置到 10.0%，设置浓度分别为 0、0.5%、1.0%、2.0%、4.0%、5.0%和 10.0%。

　　1. 氯化钾

　　（1）吸水率。与氮肥相比，钾肥对保水剂吸水率以及保肥性能的影响均较大，氯化钾在很低的浓度就使保水剂的吸水率下降很快，见表 7.14。三种保水剂在不同浓度氯化钾溶液中的吸水率及钾吸持率（以 K_2O 计）见图 7.15。

表 7.14　不同浓度氯化钾对不同保水剂吸水率及钾吸持率的影响

氯化钾浓度/%	PRKM		DM		KH	
	吸水率/（g/g）	钾吸持率/%	吸水率/（g/g）	钾吸持率/%	吸水率/（g/g）	钾吸持率/%
0	100	0	100	0	100	0
0.5	24	10	25	11	24	10
1.0	18	9	21	10	19	9
2.0	15	7	18	6	15	6
4.0	13	5	15	5	13	5
5.0	12	3	14	3	12	4
10.0	11	2	13	2	9	3

　　由表 7.14 可见，氯化钾影响保水剂吸水率最大的是 KH，其次是 DM，影响最小的是 PRKM。在氯化钾浓度为 0.5%时，KH、PRKM 和 DM 的吸水率分别是 24g/g、24g/g 和 25g/g，差别不大，但是在氯化钾浓度为 10.0%时，DM 的吸水率 13g/g 比 PRKM 和 KH 在此浓度下的吸水率分别高了 18%和 44%。

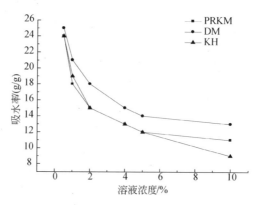

图 7.15　三种保水剂在氯化钾溶液中的吸水率

（2）钾吸持率。虽然钾肥对保水剂吸水率影响很大，但是保水剂在钾肥溶液中对钾吸持率却比较大，PRKM、DM 和 KH 对钾吸持率从氯化钾溶液浓度 0.5%到 10.0%时，分别降低了 80%、82%和 70%。由图 7.16 可知三种保水剂在氯化钾溶液中均表现出较强吸持潜能。

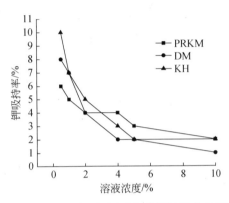

图 7.16　三种保水剂在不同浓度氯化钾溶液中的钾吸持率

2. 硫酸钾

（1）吸水率。设置硫酸钾浓度分别为 0、0.5%、1.0%、2.0%、4.0%、5.0%和 10.0%。不同浓度硫酸钾对保水剂吸水率及钾吸持率的影响见表 7.15。

表 7.15　不同浓度硫酸钾对不同保水剂吸水率及钾吸持率的影响

硫酸钾浓度/%	PRKM		DM		KH	
	吸水率/（g/g）	钾吸持率/%	吸水率/（g/g）	钾吸持率/%	吸水率/（g/g）	钾吸持率/%
0	100	0	100	0	100	0
0.5	25	6	26	8	26	10
1.0	19	5	21	7	21	7
2.0	16	4	16	4	18	5
4.0	14	4	13	2	14	3
5.0	13	3	12	2	13	2
10.0	12	2	11	1	11	2

由图 7.17 可见，硫酸钾对不同保水剂吸水率影响的差异不是很大，相对而言，影响最大的是 DM，其次是 KH，最小的是 PRKM，且变化趋势和氯化钾类似。

（2）钾吸持率。保水剂 PRKM、DM 和 KH 对硫酸钾的钾吸持率在溶液浓度为 0.5%增加到浓度为 10.0%时，分别降低了 67%、87%和 80%，相对于氯化钾，保水剂 PRKM 和 KH 对硫酸钾溶液中的钾吸持率更高（图 7.18）。

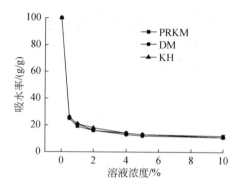

图 7.17　三种保水剂在硫酸钾溶液中的吸水率

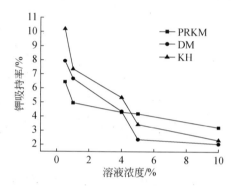

图 7.18　三种保水剂在不同浓度硫酸钾溶液中的钾吸持率

7.7.5　氮、磷、钾肥料与保水剂的相互作用及选择

1. Flory 溶胀理论

根据保水剂的吸水机理，离子型保水剂与水接触后，其亲水基团的电离，造成树脂结构内外产生渗透压，是保水剂吸水的动力之一。当水溶液中有电解质盐类存在时，会使树脂结构内外的渗透压降低，使保水剂吸水能力降低。

通过对影响保水剂吸液率各种因素的研究，目前大多采用 Flory 溶胀理论。该理论认为，聚合物交联密度增加，吸水能力降低，反之则增强。当交联密度很小时，聚合物凝胶从外观上趋向于聚合物溶液，若强度太低，则失去凝胶的特性。离子型高吸水性材料网络结构、内外离子浓度差会造成较大渗透压，一般具有较大的吸水率；非离子型聚合物产生的渗透压几乎为零，吸水率较小，受外部电解质浓度的影响也较小。因此，高吸水性材料的吸水率主要受两方面的影响，即聚合物自身的结构和外部电解质溶液的离子强度。

2. 提高保水剂耐盐性的方法

聚合物的结构包括聚合物主链上亲水基团的结构和交联密度，聚合物亲水基团的多少、聚合度的大小以及主链结构的软硬程度也会有一定的影响。亲水基团多样化是提高耐盐性的主要途径，使聚合物不仅具有羧基、磺酸基、磷酸基等离子性亲水基团，还具有羟基、酰胺基等非离子性亲水基团，利用各种基团之间的协同效应可提高高吸水性材料的耐盐性。外部电解质的种类和浓度会影响聚合物的吸水性。显然，高价离子对溶液总离子强度的贡献大于低价离子，同价态离子对溶液离子强度的影响程度相近。离子的其他性质也会影响高吸水性材料保水剂的吸水性，如形成络合物。聚丙烯酸盐型保水剂属离子型保水剂，吸水保水性能好，溶胀速度快，但耐盐性、稳定性较差，寿命短。人们为了提高聚丙烯酸盐型保水剂的耐盐性、稳定性，常向其离子型聚合单体丙烯酸中加入一定比例的非离子型聚合单体丙烯酰胺等，制造聚丙烯酰胺-丙烯酸盐型保水剂，利用非离子型单体对电解质相对不敏感性和不同亲水性基团之间的协同作用来提高保水剂的耐盐性和稳定性。

研究中所选用的三种保水剂产品，虽然它们在肥料溶液中的吸水率都随肥料溶液浓度的增大而降低，但聚丙烯酰胺-丙烯酸盐型保水剂 DM 和 PRKM 的降低幅度明显小于聚丙烯酸盐型保水剂 KH。不同肥料溶于水后，由于电解质性质不同，对保水剂吸水能力的影响也不同。尿素是中性分子，在水中不被离解成离子，还是以分子形式存在，对保水剂吸水能力影响较小，吸水率下降幅度小。由于尿素溶液浓度的增大，保水剂对氮吸持率也随着增大。而碳酸氢铵、硝酸铵、硫酸铵、氯化铵、磷酸二氢铵、氯化钾和硫酸钾等在水中即可发生电离作用，电解质离子对保水剂的吸水率影响比较大，吸水率下降幅度大。随着肥料溶液浓度的增大，保水剂对氮吸持量增大，但吸持率却逐渐减小。碳酸氢铵、硝酸铵、硫酸铵、氯化铵、磷酸二氢铵、氯化钾、硫酸钾溶于水后，由于电解质性质不同，离子带电量不同，吸水率、吸持量和吸持率都有差异。由于过磷酸钙中一般副成分比较多，因此对保水剂吸水性能的影响更显著。

显然，从肥料角度考虑，无论是把保水剂直接施入土壤，还是把保水剂混入肥料制造节水型肥料，或以保水剂为控释材料制造保水型控/缓释肥，选择对保水剂溶胀力和吸水率影响小的肥料品种至关重要。研究肥料中，尿素、磷酸二氢铵、氯化钾是目前合适的肥料品种。

7.8　不同价态阴、阳离子对保水剂吸水率的影响

保水剂在节水农业中的应用目前多集中于对保水剂的吸持水能力研究，对于保水剂的保肥作用也有一些研究，关于盐分对保水剂保水效果的影响则多集中于盐分浓度影响的研究，而对盐分离子类型影响研究较少。保水剂本身是一种高分

子电解质，当水溶液中有电解质盐类存在时，会使水向树脂内部的渗透压降低，使得保水剂吸水能力降低。

不同肥料对保水剂吸水率有不同的影响，但是不论是电解质还是非电解质肥料，之前的研究中它们对保水剂吸水率的影响都是在和同类肥料相比较，只是为配合施用保水剂和肥料而具体设计的实验，没有进一步分析哪种离子对保水剂的影响大，哪种价态的离子对保水剂影响大。进一步的实验安排研究在阴离子相同的条件下，不同价态、不同浓度的阳离子对保水剂吸水率的影响；在阳离子相同的条件下，不同价态，不同浓度的阴离子对保水剂吸水率的影响。这些研究旨在更深入地研究保水剂的保水机理、养分元素对保水剂保水性能的影响，为保水剂正确使用，进一步开发高吸水、高保水、耐盐性好、长寿命、低成本的新型保水剂提供理论依据。

7.8.1　实验材料

（1）实验用保水剂的基本性质见表 7.16。

表 7.16　实验用保水剂的基本性质

保水剂品种	共聚物类型	粒径/mm	吸水率/（g/g）	生产厂家
PRKM	聚丙烯酰胺-丙烯酸盐	0.23～0.40	290	北京汉力葆科贸中心
DM	聚丙烯酰胺-丙烯酸盐	0.23～0.40	230	珠海得米化工有限公司

（2）实验用阳离子、阴离子见表 7.17。离子的浓度分别为 0、20μg/mL、40μg/mL、60μg/mL、80μg/mL、100μg/mL、200μg/mL、400μg/mL、800μg/mL、1000μg/mL 和 2000μg/mL。

表 7.17　试验采用的阳离子、阴离子

阳离子	阳离子来源	阴离子	阴离子来源
Fe^{3+}	氯化铁	Cl^-	氯化钾
Al^{3+}	氯化铝	SO_4^{2-}	硫酸钾
Ca^{2+}	氯化钙	CO_3^{2-}	碳酸钾
Mg^{2+}	氯化镁	$H_2PO_4^-$	磷酸二氢钾
NH_4^+	氯化铵		
K^+	氯化钾		
Na^+	氯化钠		

7.8.2　不同价态阴离子对保水剂吸水率的影响

两种聚丙烯酰胺-丙烯酸盐型保水剂 DM 与 PRKM 在不同阴离子中的吸水率

随着溶液浓度的变化表现出相似的趋势[61]。

1. DM

由图 7.19 可见，DM 在不同阴离子溶液中吸水率变化随着 Cl^-、$H_2PO_4^-$、SO_4^{2-}、CO_3^{2-} 浓度的增加，呈现明显下降的趋势。还可看出，$H_2PO_4^-$ 与 SO_4^{2-} 对 DM 的吸水率影响相对较小，但两者的影响大小无法判定；而 Cl^- 与 CO_3^{2-} 的影响相对较大，且两者的影响相当接近。在小于 100μg/mL 的低浓度下，保水剂在溶液中的吸水率均在 67g/g 以上，表现出很强的吸水性能。

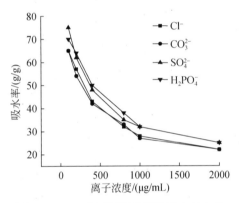

图 7.19　DM 在不同阴离子溶液中吸水率

2. PRKM

阴离子对 PRKM 的影响与对 DM 的影响类似，随着 Cl^-、$H_2PO_4^-$、SO_4^{2-}、CO_3^{2-} 浓度的增加，PRKM 的吸水率呈现明显下降的趋势，见图 7.20。

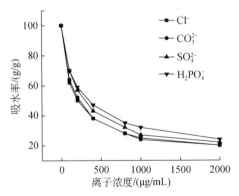

图 7.20　PRKM 在不同阴离子溶液中吸水率

从图 7.20 可以看出，$H_2PO_4^-$ 对 PRKM 的吸水率影响最小，SO_4^{2-} 次之；而 Cl^-

与 CO_3^{2-} 的影响较大，且两者的影响相当接近。在小于 $100\mu g/mL$ 的低浓度下，保水剂在溶液中的吸水率均在 $62g/g$ 以上，表现出很强的吸水性能。尤其是 $H_2PO_4^-$、SO_4^{2-}、CO_3^{2-} 溶液浓度小于 $40\mu g/mL$ 时，保水剂的吸水率高达 $82g/g$ 以上。

7.8.3 不同价态阳离子对保水剂吸水率的影响

两种保水剂 DM 与 PRKM 在不同阳离子溶液中的吸水率随着溶液浓度的变化也表现出与在阴离子溶液中相似的趋势。

1. DM

随着各种阳离子浓度的增加，DM 吸水率呈现明显下降的趋势，Fe^{3+} 浓度为 $800\mu g/mL$ 比在 Fe^{3+} 浓度为 $400\mu g/mL$ 时的吸水率大，Al^{3+} 浓度为 $800\mu g/mL$ 时与 Al^{3+} 浓度为 $400\mu g/mL$ 时的吸水率相同，且在大于 $400\mu g/mL$ 溶液中，Fe^{3+} 和 Al^{3+} 对 DM 保水剂吸水率的影响几乎没变化，这与保水剂在此浓度下几乎没有吸水性有很大的关系。

从图 7.21 中可以看出，阳离子中 K^+ 对 DM 吸水率的影响最小，其他依次为 Na^+、NH_4^+、Ca^{2+}、Mg^{2+}、Fe^{3+}、Al^{3+}。在高浓度时，Fe^{3+}、Al^{3+} 的影响相当接近。在图 7.21 中可以明显看出不同价态阳离子对 DM 吸水率影响为：一价阳离子＜二价阳离子＜三价阳离子。

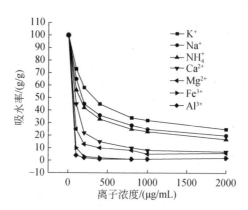

图 7.21　DM 在不同阳离子溶液中吸水率

2. PRKM

随着各种阳离子浓度的增大，PRKM 的吸水率呈现明显下降的趋势，但在高浓度时，如离子浓度大于 $400\mu g/mL$ 溶液中，Fe^{3+} 和 Al^{3+} 对 PRKM 保水剂吸水率的影响几乎没变化，这与 DM 在三价阳离子 Fe^{3+} 和 Al^{3+} 溶液中的变化类似。

从图 7.22 中看出，阳离子中 K^+ 对 PRKM 的吸水率影响最小，依次为 Na^+、

NH_4^+、Ca^{2+}、Mg^{2+}、Fe^{3+}、Al^{3+}；但在低浓度时，Fe^{3+}对保水剂 PRKM 的影响比 Al^{3+} 小，在高浓度时却 Fe^{3+}却略大于 Al^{3+}，但影响相当接近。在图 7.21 中也可以明显看出不同价态阳离子对PRKM吸水率影响为：三价阳离子＞二价阳离子＞一价阳离子。

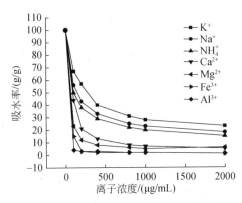

图 7.22　PRKM 在不同阳离子溶液中吸水率

7.8.4　各种阴、阳离子对保水剂吸水率的影响规律

保水剂是一类高分子电解质，易受盐离子的破坏，而影响吸附能力。实验结果表明，随着各种阴、阳离子浓度的增加，保水剂的吸水率下降，二者呈显著负相关。

有研究表明，性质相似的阳离子对保水剂的吸水率影响也相似，比如 K^+和 Na^+，Zn^{2+}和 Cu^{2+}对保水剂吸水率的降低有着类似的规律。阳离子 Fe^{3+}、Al^{3+}的浓度增加对保水剂吸水能力的影响尤其显著，在高浓度的 Fe^{3+}、Al^{3+}溶液中保水剂的吸水能力极低，几乎使保水剂丧失吸水性能。足以说明三价阳离子对保水剂吸水能力的影响极大，其次为二价阳离子，影响最小的是一价阳离子。

（1）各种阳离子对 DM 吸水率影响的顺序为：Al^{3+}＞Fe^{3+}＞Mg^{2+}＞Ca^{2+}＞NH_4^+＞Na^+＞K^+；

（2）各种阳离子对 PRKM 吸水率影响的顺序为 Al^{3+}＞Fe^{3+}＞Mg^{2+}＞Ca^{2+}＞NH_4^+＞Na^+＞K^+；

（3）各种阴离子对 DM 吸水率影响的顺序为：Cl^-＝CO_3^{2-}＞$H_2PO_4^-$＝SO_4^{2-}；

（4）各种阴离子对 PRKM 吸水率影响的顺序为：Cl^-＞CO_3^{2-}＞SO_4^{2-}＞$H_2PO_4^-$。

有关阴离子对保水剂吸水率的影响在国内外报道较少，要证实是否存在高价阴离子比低价阴离子对保水剂的吸水能力影响大，还有待于进一步的研究论证。

7.9　保水剂与肥料共同作用对土壤水分的影响

土壤水分特征曲线是评价土壤基本水力特性的重要指标，描述了土壤水势与含水量之间的关系，对研究土壤水分的滞留和运移有重要的作用。

7.9.1　研究材料与实验设计

（1）研究用材料。①肥料，常用的三种复合肥料，复合肥 1（硫酸铵、硫酸钾、氮磷钾）、复合肥 2（氯化铵、磷酸二氢钾、硫酸钾）、复合肥 3（尿素、磷酸二氢钾、氯化钾）。②土壤，褐土为我国北方山区分布的最广的一种土壤类型，广泛的分布于半干旱、半湿润地区的山地和丘陵，同时也是粮油作物生产基地。③保水剂，选用目前市场上应用的比较多的三种保水剂，丙烯酰胺-丙烯酸钾型（法国爱森 A1、A2）、甲基丙烯酸酯-丙烯酰胺型（德国德固赛 B1、B2）、丙烯酰胺-凹凸棒土型（山东沃特 C）。

（2）实验设计。首先将供试土壤风干后过土壤筛，准确称取 200g 为一份备用，复合肥 1、复合肥 2、复合肥 3 都各自设置 0.25g/kg 干土和 0.50g/kg 干土两种浓度。5 种规格的保水剂均设置含量为 0（对照组）、0.25%、0.50%和 0.75%。其次将保水剂和肥料的每个处理都与 200g 干燥土混合均匀，放入离心机配套环刀中，并浸泡数小时，使其充分吸水，用称重法测定并计算土壤饱和含水量。然后将吸水饱和的样品放入离心机中，加压范围为 10～1500kPa，每次离心数分钟，取出测定土壤含水量。实验重复 3 次，取平均值，尽量减少误差。

7.9.2　保水剂与肥料共同作用对土壤饱和含水量的影响

1.复合肥 1

在几种不同保水剂中分别添加 0.25g/kg、0.50g/kg 干土肥料复合肥 1 的土壤饱和含水量分别见表 7.18 和表 7.19。

表 7.18　不同保水剂中添加 0.25g/kg 干土肥料的土壤饱和含水量

保水剂含量/%	A1		A2		B1		B2		C	
	饱和含水量/%	相对增加量/%	饱和含水量/%	相对增加量/%	饱和含水量/%	相对增加量/%	饱和含水量/%	相对增加量/%	饱和含水量/%	相对增加量/%
0	35.98	—	35.98	—	35.98	—	35.98	—	35.98	—
0.25	39.73	10.4	42.91	19.3	38.75	7.7	40.97	13.9	42.14	17.1
0.50	44.09	22.5	49.45	37.4	42.69	18.6	46.92	30.4	47.54	32.1
0.75	48.26	34.1	55.37	53.9	47.52	32.1	50.63	40.7	53.86	49.7

表 7.19　不同保水剂中添加 0.50g/kg 干土肥料的土壤饱和含水量

保水剂含量/%	A1		A2		B1		B2		C	
	饱和含水量/%	相对增加量/%	饱和含水量/%	相对增加量/%	饱和含水量/%	相对增加量/%	饱和含水量/%	相对增加量/%	饱和含水量/%	相对增加量/%
0	36.15	—	36.15	—	36.15	—	36.15	—	36.15	—

续表

保水剂含量/%	A1		A2		B1		B2		C	
	饱和含水量/%	相对增加量/%	饱和含水量/%	相对增加量/%	饱和含水量/%	相对增加量/%	饱和含水量/%	相对增加量/%	饱和含水量/%	相对增加量/%
0.25	38.24	5.8	40.65	12.4	37.57	3.9	39.26	8.6	40.39	11.7
0.50	41.13	13.8	47.14	30.4	40.46	11.9	43.78	21.1	46.12	27.6
0.75	46.12	27.6	52.26	44.6	44.58	23.3	48.76	34.9	50.84	40.6

从表 7.18 和表 7.19 可以看出，随着 5 种规格保水剂含量的增大，土壤饱和含水量也随之逐渐增大。最大的土壤饱和含水量出现在保水剂 A2 在含量为 0.75%时，分别为 55.37%和 52.26%。

保水剂含量为 0.25%、0.50%、0.75%时，肥料浓度为 0.50g/kg 干土的土壤饱和含水量要低于肥料浓度为 0.25g/kg 干土的土壤饱和含水量。但是当不加保水剂时，肥料浓度为 0.50g/kg 干土的土壤饱和含水量却要略高于肥料浓度为 0.25g/kg 干土的土壤饱和含水量。这说明在没有保水剂时，肥料的加入也在一定程度上增大了土壤的饱和含水量，但是在添加保水剂情况下，肥料的加入却降低了保水剂的持水能力。

2. 复合肥 2

从表 7.20 和表 7.21 可以看出，加入保水剂后，土壤的饱和含水量比没加保水剂前有增大的趋势，且随着保水剂含量的增加而增加。保水剂含量为 0.25%、0.50%、0.75%时，肥料浓度为 0.50g/kg 干土的土壤饱和含水量要低于肥料浓度为 0.25g/kg 干土的土壤饱和含水量。但是当保水剂含量为 0 时，肥料浓度为 0.50g/kg 干土的土壤饱和含水量却要略高于肥料浓度为 0.25g/kg 干土的土壤饱和含水量。这说明在没有保水剂时，肥料的加入也在一定程度上增大土壤的饱和含水量，但是在添加保水剂情况下，肥料的加入却降低保水剂的持水能力。

表 7.20　不同保水剂中添加 0.25g/kg 干土肥料的土壤饱和含水量

保水剂含量/%	A1		A2		B1		B2		C	
	饱和含水量/%	相对增加量/%	饱和含水量/%	相对增加量/%	饱和含水量/%	相对增加量/%	饱和含水量/%	相对增加量/%	饱和含水量/%	相对增加量/%
0	36.37	—	36.37	—	36.37	—	36.37	—	36.37	—
0.25	40.23	10.6	43.61	19.9	39.46	8.6	41.54	14.2	42.98	18.2
0.50	44.64	22.7	50.38	38.5	43.22	18.8	47.57	30.8	48.92	32.8
0.75	49.14	35.1	56.32	54.9	48.65	33.8	52.19	43.5	55.47	52.5

表 7.21　不同保水剂中添加 0.50g/kg 干土肥料的土壤饱和含水量

保水剂含量/%	A1		A2		B1		B2		C	
	饱和含水量/%	相对增加量/%	饱和含水量/%	相对增加量/%	饱和含水量/%	相对增加量/%	饱和含水量/%	相对增加量/%	饱和含水量/%	相对增加量/%
0	37.26	—	37.26	—	37.26	—	37.26	—	37.26	—
0.25	39.62	6.3	42.15	13.1	38.93	4.5	40.84	9.6	41.96	12.6
0.50	42.43	13.9	48.69	30.7	41.79	12.2	45.25	21.4	47.58	27.7
0.75	47.85	28.4	54.06	45.1	46.17	23.9	50.38	35.2	52.71	41.5

从表 7.20 和表 7.21 中还可以看到,当肥料浓度为 0.25g/kg、保水剂为 0.50g/kg 时,A2 对土壤饱和含水量的增大能力最强,达到 56.32%。当肥料的浓度为 0.50g/kg、保水剂为 B1 时,对土壤饱和含水量的增大能力最弱。同一种保水剂在 0.50g/kg 干土肥料中的土壤饱和含水量比在 0.25g/kg 干土肥料中的低。

3. 复合肥 3

从表 7.22 和表 7.23 可以看出,保水剂含量为 0.25%、0.50%、0.75%时,肥料浓度为 0.50g/kg 干土的土壤饱和含水量要低于肥料浓度为 0.25g/kg 干土的土壤饱和含水量。但是在不加保水剂时,肥料浓度为 0.50g/kg 干土的土壤饱和含水量却要略高于肥料浓度为 0.50g/kg 干土的土壤饱和含水量。这说明在没有保水剂时,肥料的加入也在一定程度上增大了土壤的饱和含水量,但是在添加保水剂情况下,肥料的加入却降低了保水剂的持水能力。

表 7.22　不同保水剂中添加 0.25g/kg 干土肥料的土壤饱和含水量

保水剂含量/%	A1		A2		B1		B2		C	
	饱和含水量/%	相对增加量/%	饱和含水量/%	相对增加量/%	饱和含水量/%	相对增加量/%	饱和含水量/%	相对增加量/%	饱和含水量/%	相对增加量/%
0	36.69	—	36.69	—	36.69	—	36.69	—	36.69	—
0.25	40.75	11.1	44.16	20.4	39.95	8.9	42.03	14.6	43.56	18.7
0.50	45.31	23.5	50.97	38.9	43.86	19.5	48.14	31.2	48.93	33.4
0.75	49.81	35.8	56.98	55.3	49.19	34.1	52.96	44.3	55.07	52.8

表 7.23　不同保水剂中添加 0.50g/kg 干土肥料的土壤饱和含水量

保水剂含量/%	A1		A2		B1		B2		C	
	饱和含水量/%	相对增加量/%	饱和含水量/%	相对增加量/%	饱和含水量/%	相对增加量/%	饱和含水量/%	相对增加量/%	饱和含水量/%	相对增加量/%
0	37.42	—	37.42	—	37.42	—	37.42	—	37.42	—
0.25	39.87	6.5	42.72	14.2	39.24	4.9	41.32	10.4	42.31	13.1

保水剂含量/%	A1		A2		B1		B2		C	
	饱和含水量/%	相对增加量/%	饱和含水量/%	相对增加量/%	饱和含水量/%	相对增加量/%	饱和含水量/%	相对增加量/%	饱和含水量/%	相对增加量/%
0.50	42.83	14.5	49.13	31.3	42.18	12.7	45.78	22.3	48.34	29.2
0.75	48.72	30.2	54.62	46.0	46.63	24.6	50.81	35.8	53.39	42.7

从表 7.22 中还可以看出，随着不同保水剂含量的增大，土壤饱和含水量也随之在逐渐增大。最大的土壤饱和含水量出现在添加 0.25g/kg 干土肥料及保水剂 A2 在含量为 0.75%时。

7.10　保水剂持水保肥应用研究存在的问题与展望

7.10.1　保水剂持水保肥研究存在的问题

1.缺乏保水剂对植物作用的系统研究

保水剂的应用研究资料较多，但绝大部分集中于保水剂在不同作物上的应用效果。由于保水剂种类繁多，在使用过程中又受到不同作物、不同自然条件和不同使用方式的影响，得到的结果缺乏代表性。在水-土-植物系统中，保水剂不仅有水的吸持和释放的功能，还有许多其他方式对植物产生作用。例如，影响土壤对肥料的吸持和释放，影响土壤空隙率、毛管持水量、土壤团粒结构等多种土壤物理特性。系统研究保水剂对植物的生长发育的综合应用，以及影响作物产量的品质因素，才能对保水剂的合理使用提供有效的指导。

2.缺乏针对性强的专用保水剂

虽然保水剂种类繁多，但这是对保水剂的组成而言。在实际应用中，不同情况下对保水剂的要求差异很大，如在拌种或种子包衣时要求保水剂对种子发芽无毒害，并且应有一定的促进作用；在保水剂蘸根时要求保水剂有足够的黏性和吸水率；在与肥料一起使用时要求保水剂有强的耐盐性；在一般沟施或穴施时希望保水剂能长期有效。

3.缺乏保水剂使用的成套技术

保水剂作用的发挥受到多种因素的限制，如土壤质地、土肥条件、气候、灌水模式等，探讨不同条件下保水剂的最佳施用量、施用方式，才能减少污染浪费，充分发挥保水剂的效益。另外，使用保水剂应与其他旱作农业措施相配合，针对不同的情况合理搭配。

7.10.2　保水剂持水保肥应用展望

1. 保水材料的筛选

目前,国际上保水剂共分为两大类,一类是丙烯酰胺-丙烯酸盐共聚交联物(简称聚丙烯酰胺型),另一类是淀粉接枝丙烯酸盐共聚交联物(简称淀粉接枝型)。聚丙烯酰胺型的特点是:使用周期和寿命较长,凝胶强度高,颗粒状产品在土壤中的蓄水保墒能力可维持 4~5 年,是主流产品,发达国家的产品多属此类。淀粉接枝型的使用寿命最多能维持一年。丙烯酸盐是极为活泼的聚合单体,含羧基,呈离子性,其聚合交联物吸水能力和速率很强,但耐盐和稳定性差,寿命短。淀粉是天然高分子,价格便宜但易于降解,其吸水能力较聚丙烯酸盐差。丙烯酰胺是极具极性而相对惰性的单体,其聚合物吸水率较聚丙烯酸盐差,稳定性较聚丙烯酸盐差,但稳定性和耐盐性好。聚丙烯酸盐可能是钾型,也可能是钠型,钾型较钠型贵得多,但钾盐比钠盐好。如果聚丙烯酸盐完全是钠型的,对植物和土壤不利。对于同样组成的聚合物,交联度越低,吸水率和吸水速率相对越高,其保水性、稳定性和凝胶强度就越低,反之亦然。因此,不同原材料、不同生产厂家、不同工艺过程生产出的保水剂,其吸水性、保水性、耐盐性、稳定性和价格相差很大,适宜用于保水型控释肥的保水材料需要考虑以上各个方面进行优化筛选。

2. 保水剂与肥料合理配施与复配技术

保水材料与单质肥料混合后,产生的主要问题是保水材料的强吸水性对肥料制造工艺带来的困难和对肥料储藏带来的不利影响,而且即使耐盐性、稳定性很好的保水材料,加入肥料中也可能引起保水材料的退化。因此,在制造肥料时,需要暂时抑制保水材料的吸水性或把保水材料掩蔽起来防止吸潮,当肥料施入土壤后又能自然恢复其吸水性能。这就需要研究保水材料、控释材料与单元肥料合理配施与复配的优化组合,开发出简单易行且操作性强的新工艺。

3. 保水型控释肥肥效及其机理研究

选择对水分比较敏感的粮食作物、经济作物,通过盆栽和大田实验研究保水型控释肥的肥效,并通过测定土壤微域和植物水分状况,根系生长状况和其他生理指标揭示其肥效机理,达到同时提高作物 WUE 和肥料利用率的目的。

参 考 文 献

[1] 汪德水. 旱地农田肥水协同效应于耦合模式[M]. 北京: 气象出版社, 1999.

[2] 郑昭佩, 刘作新. 水肥耦合与半干旱区农业可持续发展[J]. 农业现代化研究, 2000, 21(5): 291-294.

[3] 赵炳梓, 徐富安. 水肥条件对小麦、玉米 N、P、K 吸收的影响[J]. 植物营养与肥料学报, 2000, 6(3): 260-266

[4] 李玉山. 渭北旱原土壤水分动态规律及其对冬小麦的生长关系[J]. 陕西农业科学, 1982, (2): 5-8.

[5] 金轲, 汪德水, 蔡典雄, 等. 旱地农田水肥耦合效应及其模式研究[J]. 中国农业科学, 1999, 32(5): 104-106.

[6] GARABET S, WOOD M, RYAN J. Nitrogen and water effects on wheat yield in a Mediterranean type climate. I. Growth, water-use and nitrogen accumulation[J]. Field crops research, 1998, 58(3): 213-221.

[7] 文宏达, 刘玉柱, 李晓丽, 等. 水肥耦合与旱地农业持续发展[J]. 土壤与环境, 2002, 11(3): 315-318.

[8] 汪德水. 旱地农田肥水关系原理与调控技术[M]. 北京: 中国农业科学技术出版社, 1995.

[9] 穆兴民. 旱地作物生育对土壤水肥耦联的响应研究进展[J]. 生态农业研究, 1999, 7(1): 43-46.

[10] ZENG Q P, BROWN P H. Soil potassium mobility and uptake by corn under differential soil moisture regimes[J]. Plant and soil, 2000, 221(2): 121-134.

[11] 梁银丽, 陈培元. 水分胁迫和氮素营养对小麦根苗生长及水分利用效率的效应[J]. 西北植物学报, 1995, 15(1): 21-25 .

[12] 吕殿青, 刘军, 李瑛. 旱地水肥交互效应与耦合模型研究[J]. 西北农业学报, 1995, 4(3): 72-76.

[13] TAYLOR H M, GARDNER H R. Penetration of cotton seeding taproots as influenced by bulk density, moisture content and strength of soil[J]. Soil science, 1963, 96(3): 153-156.

[14] TAYLOR H M, HLEPPER B. Rooting density and water extraction for corn[J]. Agronomy journal, 1973, 65(6): 965-968.

[15] JAMISON V C. Changes in air-water relation-ships due to structural improvement of soils[J]. Soil science, 1953, 76(2): 143-151.

[16] 刘晓莉. 保水剂的保肥性能研究[D]. 合肥: 安徽农业大学, 2006.

[17] 李景生, 黄韵珠. 土壤保水剂的吸水保水性能研究动态[J]. 中国沙漠, 1996, 16(1): 86-91.

[18] 孙福强, 崔英德. 高吸水性树脂的保肥作用研究[J]. 化工技术与开发, 2004, 33(6): 11-14.

[19] 黄占斌, 辛小桂, 宁荣昌, 等. 保水剂在农业生产中的应用与发展趋势[J]. 干旱地区农业研究, 2003, 21(3): 11-14.

[20] 杜建军, 王新爱, 廖宗文, 等. 不同肥料对高吸水性树脂吸水率的影响及养分吸持研究[J]. 水土保持学报, 2005, 19(4): 27-31.

[21] 谢伯承, 薛绪掌, 王纪华, 等. 保水剂对土壤持水性状的影响[J]. 水土保持通报, 2003, 23(6): 44-46.

[22] 黄凤球, 杨光立, 黄承武, 等. 化学节水技术在农业上的应用效果研究[J]. 水土保持研究, 1996, 3(3): 118-124.

[23] 井上光弘. 保水剂混入沙的吸水能力和保水能力的评价[J]. 日本沙丘学会志, 1993, (1): 29-33.

[24] 王硯田, 华孟, 赵小雯, 等. 高吸水性树脂对土壤物理性状的影响[J]. 北京农业大学学报, 1990, 16(2): 181-187.

[25] 帅修富, 邢卫芬, 李长荣. 离心法测定高吸水性树脂溶胀度的研究[J]. 北京农业大学学报, 1993, 19(4): 48-51.

[26] 张富仓, 康绍忠. BP 保水剂及其对土壤与作物的效应[J]. 农业工程学报, 1999, 15(2): 74-78.

[27] 陈玉水. 耐盐吸水抗旱剂及其在甘蔗上的应研究[J]. 甘蔗, 1997, (4): 11-14.

[28] 宋影亮. 不同种类的单质肥料对保水剂吸水性能的影响[J]. 安徽农业通报, 2010, 16(1): 22-23.

[29] 冯金朝, 赵金龙, 土壤保水剂对沙地农作物的生长影响[J]. 干旱地区农业研究, 1993, 11(2): 36-40.

[30] 川岛和夫. 农用土壤改良剂—新型保水剂[J]. 土壤学进展, 1986, (3): 49-52.

[31] 蔡典雄, 王小彬. 土壤保水剂对土壤持水特性及作物出苗的影响[J]. 土壤肥料, 1999, (1): 13-15.

[32] 高凤文, 罗盛国, 姜佰文. 保水剂对土壤蒸发及玉米幼苗抗旱性的影响[J]. 东北农业大学学报, 2005, 36(1): 11-14.

[33] 汪亚峰, 李茂松, 宋吉青, 等. 保水剂对土壤体积膨胀率及土壤团聚体影响研究[J]. 土壤通报, 2009, 40(5): 1022-1025.

[34] 黄占斌, 万会娥, 邓西平, 等. 保水剂在改良土壤和作物抗旱节水中的效应[J]. 土壤侵蚀与水土保持学报, 1999, 5(4): 52-55。

[35] 刘瑞凤, 杨红善, 李安, 等. 复合保水剂对土壤物理性质的影响[J]. 土壤通报, 2006, 37(2): 231-234.

[36] 曹丽花, 刘合满, 赵世伟. 土壤改良剂对黄绵土持水性能的改良效应研究[J]. 水土保持通报, 2009, 29(1): 133-134, 141.

[37] 何绪生, 何养生, 邹绍文. 保水剂作为肥料养分缓释载体的应用[J]. 中国土壤与肥料, 2008, (4): 5-9.

[38] 陈海丽, 吴震, 刘明池. 不同保水剂的吸水保水特性[J]. 西北农业学报, 2010, 19(1): 201-206.

[39] 李长荣, 邢玉芬, 朱健康, 等. 高吸水性树脂与肥料相互作用的研究[J]. 北京农业大学学报, 1989, 15(3): 187-192.

[40] 杨磊, 苏文强. 化肥对保水剂吸水性能的影响[J]. 东北林业大学学报, 2004, 32(5): 37-38.

[41] 王东晖. 化肥与微肥对保水剂吸水性的影响试验初报[J]. 甘肃农业科技, 2002, (5): 22-23.

[42] 邢玉芬, 帅修富, 李长荣. 高吸水性树脂单施及与肥料混施对土壤水分蒸发及团聚作用的影响[J]. 北京农业大学学报, 1993, 19(4): 52-55.

[43] 宋立新. 高吸水材料保肥效果试验[J]. 陕西农业科学, 1990, (6): 27.

[44] 苏宝林. 高吸水性树脂在农业上的应用基础研究[J]. 北京农业大学学报. 1989, 6(1): 37-44.

[45] 宋光煜, 黄智玉, 赵红霞. VaMa 树脂在保水改土中的效应研究[J]. 中国水土保持, 1988, (5): 22-25.

[46] 李杨. 保水剂与肥料及土壤的互作机理研究[D]. 北京: 北京林业大学, 2012.

[47] 王解新, 陈建定. 高吸水性树脂研究进展[J]. 功能高分子学报, 1999, 12(2): 211-217.

[48] 苟春林, 曲东, 杜建军. 不同价态离子对保水剂吸水率的影响[J]. 中国土壤与肥料, 2009, (2): 52-55.

[49] 李继成, 张富仓, 孙亚联, 等. 施肥条件下保水剂对土壤蒸发和土壤团聚性状的影响[J]. 水土保持通报, 2008, 28(2): 48-53.

[50] 马生丽, 孙凡, 汪亚峰. 保水剂对土壤水分蒸发的影响研究[J]. 重庆文理学院学报(自然科学版), 2012, 31(3): 62-66.

[51] 马爱生, 刘思春, 吕家珑, 等. 黄土高原地区几种土壤的水分状况与能量水平[J]. 西北农林科技大学学报（自

然科学版），2005, 38(1): 584-589.

[52] 李小坤, 鲁剑巍. 施肥对苏丹草产草量和氮磷钾养分吸收的影响[J]. 草地学报, 2006, 14(1): 52-56.

[53] 李寿强, 关菁. 保水剂吸水原理和施用技术[J]. 现代农业, 2012, (6): 34-35.

[54] 韦文珍, 张玲, 李炳奇. 高分子吸水树脂的合成与应用[J]. 石河子大学学报(自然科学版), 2000, 4(4): 338-343.

[55] 杜建军, 王新爱, 廖宗文, 等. 不同肥料对高吸水性树脂吸水率的影响及养分吸持研究[J]. 水土保持学报, 2005, 19(4): 27-31.

[56] 张富仓, 李继成, 雷艳, 等. 保水剂对土壤保水持肥特性的影响研究[J]. 应用基础与工程科学学报, 2010, 18(1): 120-128.

[57] 陈学文. 化学肥料对保水剂吸水保肥性能的影响机制[J]. 宁夏农林科技, 2009, (6): 29-30.

[58] BOWMAN D C, EVANS R Y. Calcium inhibition of polyacrylamide gel hydration is partially reversible by potassium[J]. Horticultural science, 1991, 26(8): 1063-1065.

[59] HENDERSON J C, HENSLEY D L. Ammonium and nitrate retention by hydrophilic gel[J]. Horticultural science, 1985, 20 (4): 667-668 .

[60] 杜建军, 廖宗文, 冯新, 等. 高吸水性树脂在赤红壤及砖红壤上的保水保肥效果研究[J]. 水土保持学报, 2003, 17(2): 137-140.

[61] 荀春林. 聚丙烯酰胺型保水剂与化学肥料的相互作用及其应用[D]. 杨凌: 西北农林科技大学, 2006.